U0078147

外食族必備飲食指南

自助餐鬥陣粗飽趣

正台味

作者的話

怎麼會有這本書

每位詢問書籍內容的人都一副吃驚至極的臉孔（嘴巴張的很開）說：「自助餐？自助餐不就那樣有什麼好談？」選擇「台式自助餐」做爲主題並非家中經營餐飲，也不是譁眾取寵、標新立異，原因在於它確實被忽略得很嚴重，又或者被誤以爲是吃到飽的西式Buffet，市面上與之相關的書籍僅限於常備菜色的烹調指導，關於「怎麼吃？」似乎沒人留意這個區塊，小吃、路邊攤、中西式或異國餐點、特色餐廳、下午茶、飯店……價格或高或低多有報導關切，獨獨唯漏自助餐，它如同「不存在的行業」，然而你我可能吃過N百遍。

舉例來說，對海鮮過敏的人，高級的日式沙西米或龍蝦大餐只會讓他敬謝不敏，除非廚師具有預知的超能力，手藝再精湛也無法讓客人不留剩菜，這一點便是自助餐的可貴之處，它幾乎百分之百貼近每個人的需求，依照你的食量、今日食慾和口味偏好量身訂做，它不高級也難登大雅之堂，本來就

屬於平民文化，具有旺盛的生命力、是活生生的有機體，隨時都在變化、與時俱進。

關心時事也關注「食事」，外食成爲現今社會發展的必然趨勢，美食的追求無窮盡，想談的是長久之道，在每日不斷重複的三餐取得平衡、尋得因應，有益身心的行爲與思維付諸於日常生活才算眞正樂活！我們不是胸襟宏大的學者，只是認眞、認份過活的普通人，與其徒勞地憂國憂民不如將自身棉薄的力量回歸於民生議題，「吃」是最最根本，人人吃飽喝足社會就平靜祥和，其他更高層次的藝術文化才有餘力推廣提升！

並沒有失去理智盡說自助餐的好話，結合個人生活體驗，把它當成一門「微學問」研究，解剖它、分析它，並不忘調侃它，有理性的教戰守則，也有感性的採訪抒情小短文……等等應有盡有，和你分享取其利、避其害的方法，認爲自助餐很粗俗、打從心裡抗拒的人也不會想翻閱本書吧？不敢保證能帶給你多了不起的圖文饗宴，自助餐始終只是自助餐，敬祝各位讀者閱書愉快。

二〇一六年十一月

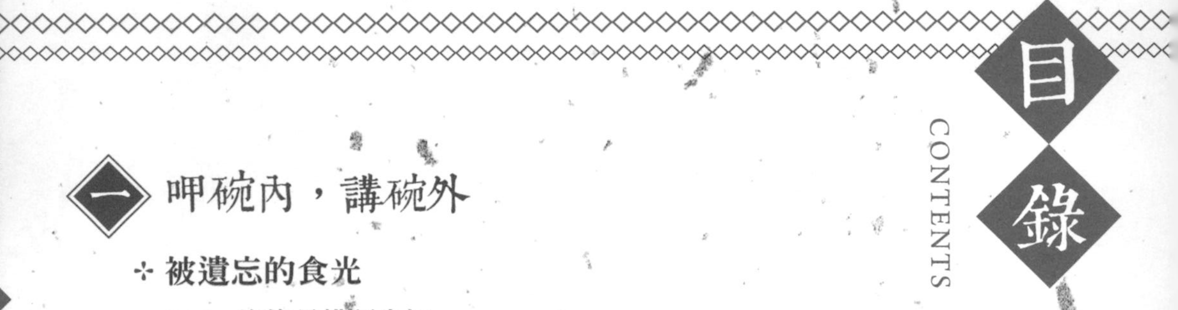

目錄

CONTENTS

一 呷碗內，講碗外

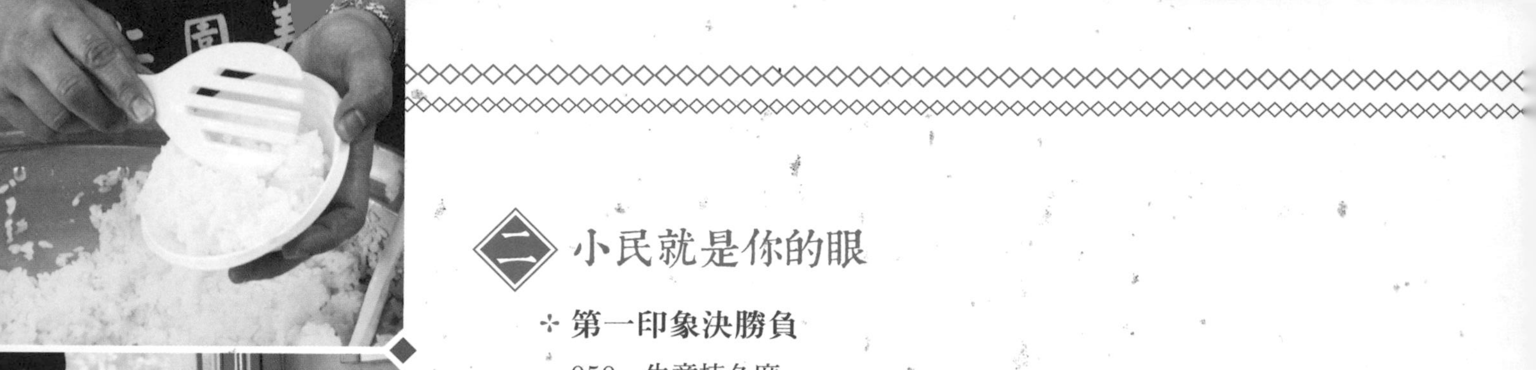

二 小民就是你的眼

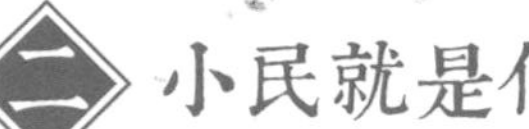

PEOPLE'S DAILY LIFE

吃好不如吃巧

四 頭家來開講

話說從頭

本書幕後推手是小小、雨子與寶哥，三位編書人雖然有著大學生的青春外貌（自我感覺良好的輕熟女），內心卻如中年婦女般難起漣漪，對小情小愛、流行穿搭、偶像劇的熱衷程度頗低，談談柴米油鹽醬醋茶時而穿插投資經，哪裡有折扣和優惠是她們最常聊的話題，坊間流傳：「歐巴桑是地球上戰鬥力最強的生物。」以下是三位婦人的強項分析：

雨子雖然身材嬌小，擦窗、拖地、洗碗、曬衣等各類家務事都難不倒她，打掃乾淨沒幾天又被家人弄髒是她最常有的感慨，搜刮百貨公司週年慶特價商品快狠準，搶公車、捷運空座位的速度更是迅雷不及掩耳。她以捏陶修身養性，上傳社群的照片盡是些精緻成套的杯盤與花器。前陣子她感嘆自己的記憶力大不如前，只因忘了把晚餐要料理的魚和絞肉拿出來退冰，屬於愛碎碎念的家庭派手作歐巴桑。

體態輕盈的小小稍有潔癖，堅持毛巾每週放入洗衣機徹底消毒清洗，漂白水是她愛用的洗劑之一。難得休假不去大吃、血拼，反而帶著單眼相機跑去新疆，進行沉澱心靈的絲路之旅，空靈的西藏大概是她的下一站。對靈修、打坐、瑜珈很感興趣，最近有點熱衷星座命理、運勢分析和跳吉魯巴，很像公職退休的園藝派歐巴桑。

身強體健的寶哥生性貪小便宜，仗著自己能提重物的臂力，福利中心她很常光臨，遇上難得買一送一的洗衣精或家庭號牛奶特價，再重也要扛回去。爲了省時而有囤糧的習慣，對過期一、兩天的麵包不以爲意（腹瀉還能減肥），浪費食物才會下地獄。秉持著家庭代工的精神接案，蠅頭小利也不放過，個性實際容易被利誘，是生命力強勁的貪財歐巴桑。

性格截然不同的三位婦女，常常進行推拿、針灸、拔罐等民俗療法之交流，並且同爲自助餐的常客，自助餐俗擱大碗、份量隨你，眞是解決午、晚餐的最佳去處。天天牛排、簡餐，只會肥了自己、瘦了荷包，小吃、麵店單價不高但份量不多，往往

市場，感受最貼近本質的生活氣息。

米飯種類多元的程度超乎想像，誰才是鄉巴佬？

果菜市場旁的小型傳統市場，搶鮮首重眼明手快

早起的人兒有菜扛

東點幾盤、西取幾樣，價格極易破百，久了也會吃膩。精打細算、注重養生的歐巴桑，決定將實惠耐吃且兼顧營養健康的自助餐發揚光大，在茫茫人海中，好不容易找到市井小民的代表——小民，請他擔當本書的發言人（和跑腿小弟），與世無爭的他說：「真人不露相。」而堅持不肯露臉，只好把他本人用插畫的方式呈現，三不五時穿梭書中和大家分享一切！

話匣一開

歐巴桑談小民

我們決定發展本書之前就認識小民了，同是自助餐的熟面孔，見到彼此都會點頭打招呼，幾乎每個禮拜都會在自助餐店遇到他一、兩次，歐巴桑什麼不會就是聒噪愛聊天，小民這個年輕人很不錯，不嫌我們這群嘰嘰喳喳的查某人很

吵，願意和我們同桌開講，聊聊機車的主管、拍馬屁的同事、工作瓶頸等類的職場大小事，歐巴桑常常給他良心建言，叫他大事積極進取、小事則別往心裡，有肚量就有福氣！彼此算是用心交培的好飯友吧？當初把發揚自助餐的想法說給小民聽，以為他會不以為意，沒想到很受肯定，乾脆順水推舟，直接叫他幫我們代言。

一開始他也不願意，總用沒時間當理由，平日是朝九晚六的上班族，周末窩在家裡睡到太陽曬屁股，不如做點有意義的事情造福群眾！歐巴桑好說歹說、外加講了一堆道理拜託，好在他對自助餐這個議題還算感興趣，否則最後也不會接受這個有點無厘頭的請求，小民當時應該覺得我們沒事給他找事做……不過看著他越做越起勁，就知道代言人找對了！事後小民還反過來感謝我們，讓他走出家門、接觸人群，下班後的生活不再要廢放空，你瞧瞧！這個年輕人多麼難得，要嫁就要嫁這款認眞又實在的男人！

呃……歐巴桑多話的老毛病又犯了，再講下去就沒完沒了，廢話少說趕快進入正題！

第一章

呷碗內，講碗外。

如果飲食的今昔是一部「正史」，那麼自助餐的過往絕對稱得上是「稗官野史」，歷史軌跡淺得沒資格發揮史學家所說的鑑往知來……好在人們對於道聽塗說、似是而非的事總是興味濃厚。

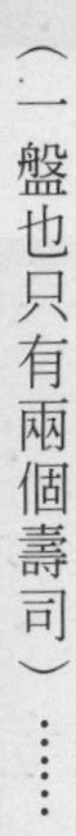

被遺忘的食光

這不是一本蒐集自助餐的美食導覽、這不是一本蒐集自助餐的美食導覽、這不是一本蒐集自助餐的美食導覽！小民想談的是：台式自助餐，英文名字是「Taiwan Cafe」，想吃什麼自己決定，價格和份量成正比，和吃到飽「Buffet」自選餐點的形式雷同，但兩者經營模式及價位差很多。一直以爲本土自助餐由Buffet演變而成，搞錯調查方向難怪找不到資料，答案在探索的過程中慢慢浮現。

✣海盜是惜福先知

現今社會富裕許多，飯菜會餘剩的原因大多已和餓不餓無關，實則深受個人挑食程度影響，仔細觀察發現不管平價餐點或一頓要價四、五〇〇元的套餐，至少一半的人會剩飯菜，剩多剩少的差別罷了，小民某次身處迴轉壽司店，我隔壁的客人每盤壽司都剩一個（一盤也只有兩個壽司）……

西元八世紀，北歐斯堪地納維亞半島的海盜滿載而歸便會舉辦慶功宴，要求餐館將所有美食佳餚集中放餐桌，好方便他們自行拿取，不需服務生、省去繁複的西餐禮儀，初期被視爲野蠻粗魯，後來人們漸漸喜歡取餐的隨心所欲，業者發現無形中精簡不少服務人力也降低食物浪費，於是這種用餐方式很快地流行歐美。

自助餐由早期非營利性質[1]轉變成商業化以次計費的模式，原以冷食居多，品類逐漸擴及下午茶、午晚餐，如今它更被賦予主題性：婚禮自助餐、謝師宴自助餐、麻辣鍋吃到飽、壽司放題……套用到各類儀式、節日、異國料理等都頗受歡迎。

✤自助精神，人人買單

某天和遊學的友人閒聊，她說加拿大有間特別的自助餐，老闆娘是韓國

1第一家店面位於在美國密蘇里洲堪薩斯市，一八九一年由基督教女青年會YMCA所創，一八九三年湯姆遜先生（John R. Thompson）也把自助餐型式導入自己位於芝加哥的餐廳，之後被廣泛運用到各機關、學校、軍隊以及醫院等團膳服務。

店面招牌一看便知道是健康訴求

沙拉不一定是前菜
這盤澎湃程度不輸主餐

各尺寸餐盒整齊羅列，黑色容器、橘紅的牆與
檯面再再凸顯食材生鮮色澤，很是挑動食慾

人，不滿四坪的小店在她清淡的飲食主張下應運而生，販售生菜沙拉與壽司。鮮食保存不易，像起司、橄欖與穀物還要避免受潮，除了醬料和乾麵包丁，其他餘剩的材料每日汰新。餐盒尺寸齊全任君挑選，桌檯羅列各類生鮮蔬果、水煮蛋、果乾、五穀雜糧、烤過微焦的櫛瓜與紅椒……應有盡有，生菜的種類五花八門，豐富的難以逐一詳述，沒有肉類卻不會有「啃草」的單薄乏味，簡直是素食者的口慾天堂！夾選完最後再淋上沙拉醬、胡椒、橄欖油或酸醋增添風味。餐點採秤重計費，一磅八．三九加幣（一百公克約台幣㊽元），這間輕食小店比連鎖潛艇堡店更加客製化、食材更為豐盛多元，若在台灣開店，女性顧客肯定絡繹不絕。

加國各大超市也會規劃熟食與沙拉區供民眾自取（台灣大賣場亦是如此），唯獨供應的食物不同，經營模式與本土自助餐十分相近，小民深信在人口爆炸、食糧有限的未來，自助取餐將成為銳不可檔的環保趨勢！

✣南下尋奇

台式自助餐和 Buffet 概念相近但全然無關，相信許多人和我有著相同的誤解，求助無門只好改去論文齊全的國家圖書館碰碰運氣，得到了關鍵字：「飯桌仔」，萬萬未料自助餐疑似發跡於小吃聞名的台南，和北歐海盜、美國教會毫無瓜葛。

自助餐和飯桌仔是否真有淵源？甲說始自廟口小吃，乙說應是由過去農忙送飯形態演變而來，眾說紛紜、身世成謎，自助餐好似不可考的稗官野史，只管精采不重考據，但我們還是南下一趟，到福泰飯桌、石精臼

石精臼肉燥飯飄散的木炭味是最給力的情境催化劑，空氣聞起來很復古

用舌尖體會在地風味比探究
自助餐的根源還重要

虱目魚、吳郭魚料理在台南人
的餐桌上極為尋常

肉燥飯（已歇業）實地走訪，台北直奔台南猶如穿越短程的時光隧道，飯桌仔讓小民彷彿重返工商初步起飛的台灣，眼見、鼻聞、嘴嚐盡是濃濃古早味。

早上十點福泰已高朋滿座，中餐時段店外窄小的騎樓更被用餐人潮擠得水泄不通，福泰顯然比較現代化，石精臼仍保有飯桌仔原始的模樣，寬深的鐵盆、底部加熱的火爐和木炭、依舊使用傳統爐灶的廚房……彷彿踏進父母的童年片段，手中的新鈔與旁人現代的穿著成功把我拉回現實。

台南人口中的「飯桌仔」，逐漸往北推移發展成爲自助餐，普遍推測飯桌仔是自助餐的前身，隨著時空推演，至今兩者相去已遠。飯桌仔使用圓腹的不銹鋼「菜盆」盛菜，底下各備有一個放木炭的「火爐」發熱保溫，自助餐爲了省事方便，將長方型寬扁的「菜盤」集中放在不銹鋼餐檯的凹槽內隔水加熱。

石精臼老闆天天凌晨兩點半起床煮食、透早五點開始營業，下午一點準時打烊，一天只賣早、午兩餐；福泰稍晚十點開店，賣到下午兩、三點（附近新開第三代店，晚上仍供餐）。飯桌仔和自

燒得灰白的木炭，菜盆底下的玄機

飯桌仔的菜式與自助餐極為不同，海產遠多於肉；菜餚入口，時光凍結的滋味於舌尖解凍

助餐的營業時段十分不同，自助餐和城市的作息同步，飯桌仔則和台南人一樣早睡早起。

店家各有厲害的私房「手路菜」，福泰飯桌始於民國二十八年，販賣各類丸子、羹湯起家，肉燥飯、蝦捲、綜合丸湯是內行人必點的招牌，各式丸類仍皆由店家親手製作，晶亮噴香、只溶舌尖的肉燥飯吃來別有一番風味，冬粉湯、魚皮湯嚐得到紮實的海鮮，入喉盡是甘甜海味，其他如白菜滷、香腸、紅糟肉也都是每桌必點！石精臼肉燥飯店齡六十多年，但比福泰更傳統，裡頭廚房依舊使用大灶炊煮，外頭檯面上的熟食以炭火煨熱，難怪菜餚都帶點獨特的焦香，甜鹹色深的肉燥飯人手一碗。台南菜普遍帶甜，飯桌菜看來用料單純，滋味卻有一種難以言喻、溫潤的「厚度」，單獨吃不配白飯也不覺淡薄，這份底蘊不知道是來自甜味還是源於食材的鮮味，總之甜鹹交織，讓人很容易淪為飯桶。

雖然魚皮湯和紅蟳米糕[2]等費工時的菜式不會在自助餐出現，但自助餐溫熱飯菜、讓客人自由選菜的模式和飯桌仔師出同源。不只小吃，許多菜餚、飲食的根源多和台南密不可分。

2 赫赫有名的阿霞飯店，從廟埕的熟肉攤演變為飯桌仔、進而轉型成今日的飯店，熟肉拼盤、紅蟳米糕、炒鱔魚是其經典。

台灣 style、台味 brunch

此情此景已不復見
厲害的肉燥飯又少一間

小民詢問他們飯桌仔的起源，石精臼老闆答：「大概和海產粥、蚵仔煎那些小吃一樣發跡廟口，我也不瞭解詳細的來龍去脈，有記憶的時候就有飯桌仔。」福泰老闆說：「就是開店做生意啊！菜色十幾種不像自助餐那麼多，飯桌菜比較精緻，由我們幫顧客夾菜。」感謝各位頭家，忙做生意之餘還要回答我提出的歷史難題。

最早的飯桌仔據說是位於沙卡里巴[3]的「賣飯虎仔」，原店後由第三代接手，但已遷徙他處並改名「池仔小吃店」；原店的學徒

3 沙卡里巴（盛り場）是台南市中西區的小吃群聚地，形成於日治時代，意指「人潮聚集的地方」或「熱鬧的地方」。

也另開了一間「基明飯桌」，交由二代接棒。這兩家小民皆未嚐過，聽說懂門路的人都會暗訪，滋味見仁見智，可以肯定的是它背後的歷史價值。

早期的攤販肩挑扁擔販售熟食，故有此一說：飯桌仔是由「飯擔仔」演變而來，飯擔仔不再隨雙足飄移、有固定攤位的稱為「飯攤」，有店面是為「飯桌仔[4]」，小店規模再擴大則為「飯桌」。台灣的食飲文化和廟宇脫不了干係，宮廟是早期農業社會的社交中心，

4 閩南語「仔」字放在名詞後面，表示小的意思。

福泰飯桌設備明顯現代化許多，小民這個北部人覺得仍然十分懷舊

自然形成攤販聚集地，若說自助餐由廟前廣場的某攤小吃演變也不無可能。也有人說飯桌菜實由做工繁複的辦桌菜、酒家菜簡化而來，自助餐又是飯桌菜的更簡版，若真如此，喜酒便成了高級自助餐！

小民最常吃的中式早點不外乎蘿蔔糕、飯糰、蛋餅和饅頭夾蛋，和台南人相比失色不少，早晨吃飯嗑麵的光景，北部大概只有傳統市場才看的到，我家後邊的早市一大早便有很多歐吉桑、歐巴桑在麵攤埋頭大啖，油蔥酥、芹菜末和悠閒享受早餐的愉悅，彼此間存有某種舊日情懷滿溢的幸福關聯。

特別的調味佐料，海鮮料理的滋味與北部截然不同，不禁憶起外婆自釀的鳳梨豆豉……咀嚼，然後記憶重疊

不只苦辣酸甜，回憶，也是味道的一部分。

新手入門，短話長說

台南人真的很有口福，羨慕歸羨慕，我生根北部已久，不太可能爲了美食搬去台南住，早餐吃太好，久了一定肥頭肥腦（嫉妒貌）。早點吃不到土魠魚羹沒關係，至少中午可以去「簡版飯桌仔——自助餐」，夾幾樣愛吃的菜，來碗稀飯也頗有清粥小菜的恬淡。

✣欲速則選自助餐

自助餐本土歸本土，分布的地點集中在都會區和城鎮等人口稠密處，台北自助餐店的密集度不知是台東的幾倍，人多的地方才有客源，精華區的周遭，狹弄窄巷都瞧得見自助餐的蹤影，雖然以上文字很像廢話，小民相信有人畢生吃不到五次自助餐。

因爲無需等待烹煮，趕快夾菜、結帳、裝好湯飲就能打

包離開，即使十幾個人排隊仍然很快輪到我，相同的人龍換成麵店本人肯定打退堂鼓，同行的同事若想買水餃或鍋貼，小民的內心更是默默崩壞了一小角，餃類就是錯過這批起鍋現貨、又要再等上十幾分鐘（個性是有多急躁），雖然台灣人很愛排隊，但午休寶貴，買午餐力求速戰速決！超商、便當店、自助餐超適合我這類急驚風，主菜不知道該選排骨還是雞排，頂多在餐檯前猶豫個二十秒左右。

約莫十分鐘搞定買餐，
午休即便 90 分鐘也不想耗在等待

✣價格福利很隨意

自助餐本質任性隨意，除了衛生機關不定期檢查、設備需合乎法令規定，其餘想玩什麼花樣都嘛行！自創料理也沒人阻擋你，只要新鮮好吃又實惠，客人就會讓每道菜盤底朝天，準備湯熱、冷飲是不成文的傳統，消費者十分看重湯湯水水這類附加福利，薄

廚師的成就感，源自空空如也的餐盤。

利多銷的自助餐，促銷活動往往僅止於新開幕。沒有服務生不會增收一成服務費，收費隨著顧客自身的食慾變化和心情浮動而次次不同，成爲常客可換得一些隨機好康，碰過幾位愛去尾數的老闆，54元算50，他說這樣比較好找錢，隨便賣就隨便賺，如此豪爽讓我印象深刻，鐵盤內份量僅剩半匙的菜直接免費放送也算常見。

若進一步和老闆交情好：兩支雞腿便宜⑤塊、送你滷蛋一顆、白飯大碗一點、來遲了半買半相送等等，看似蠅頭小利仍比信用卡的現金回饋動人！還和你交流情感：閒話家常、聊聊時事、告訴你絲瓜怎麼炒不變色、蒸蛋如何炊不會有毛孔……在諸多提案與會議夾縫求生的我，透過這些偶有的點滴小惠體會人情味，幾絲暖意聊供慰藉（上班到底是有多絕望）。

✣風土民情照妖鏡

雖然統稱自助餐，每間店各有其開展姿態，商業區的店家配合上班族的作息上菜，學生週六還有課，補習街和學校附近的自助餐大多星期日公休，東部人習慣早吃，中午十二點半菜餚即所剩不多，差異性說也說不盡。網路新聞曾報導新竹縣府的員工餐廳，三十幾道菜隨你夾，便當盒塞到快漲裂仍舊50元，很多人吃完中餐順道外帶晚餐，一百元搞定兩頓飯不成問題，好康到難以置信（慈善機構來著）！

除了營業時間與計費方式，菜式也是因地而異，多炸物、菜色偏西式的大多分布在學區，青菜類口感偏軟、主菜口味重甜鹹的可能坐落在老社區，備有沙拉、水果等輕食是

看著餐檯上的炸物和水果便可推測顧客大概以年輕人為主

爲了滿足注重體態的上班族，店家八成鄰近辦公大樓……等等，業者爲了獲得顧客青睞不斷在地化，走進一家自助餐等同踏進當地人的生活圈。每間店看似各自爲政，實質上卻又影響彼此，生意好，對手可會前來一探究竟，餐館菜、夜市小吃、或廚師的突發奇想時而衝擊融合，改良料理時而露臉於餐檯（廚師對烹飪仍有熱情的話），飯店菜、國宴菜亦會將小吃改造爲時髦的文化宴，市井吃食的生命力最是蓬勃。

記得小民就讀國小時，學校尚未供應營養午餐，午休時段都吃爸媽準備的愛心便當，我喜歡和同學交換分享，明明都是炒高麗菜，我的有芹菜段和紅蘿蔔片，同學的則是清炒蒜頭，還曾吃過拌炒培根的，相同的菜可說是變化無窮，自助餐也是，沒有絕對的美味或難吃，符合胃口便常常造訪。

✣烹飪沒梗的救星

成本——始終是自助餐每日開張大吉首要面臨的課題，它不能像熱炒店或海產店，

某幾個品項可以堂而皇之標寫著「時價」，層次不及飯店、餐廳，無法將食材成本理所當然的反應在價格上，因爲自助餐這三字代表著樸實親民，普羅大眾都消費得起，但味道又必須達一定水平，否則廉價也沒人買單，有那麼點又要馬兒好又要馬兒不吃草的無奈！

還記得自己和揮鏟的下廚者講過幾次吃膩了、想換口味諸如此類的抱怨？雖說平價餐飲的命脈都圍繞著成本打轉，菜式必須「多樣化」的命運使自助餐的考量更爲複雜。飯店、餐廳可負擔的成本較高，菜單每一季推陳出新，基本上仍是遵循食譜買進原料，薄利多銷的自助餐正好顛倒，廚師必須以當日最便宜的農作推想料理，創作受限於材料使得難度大幅提升，差別在於一個是照食譜買菜、一個是就現有的食材去反推菜單，菜價日日波動，自助餐的廚師幾乎天天逆向思考、腦力激盪！

「冬吃蘿蔔、夏吃薑」，節氣無聲無息地在餐檯流轉，對於苦於料理變化的煮婦與煮夫們而言，自助餐動輒三〜五十道輪替的菜色正是立馬可效法的攻略！檯面上的幾乎是俗擱大碗的時令生鮮，取得容易且物美價廉，烹調程序簡單，做法單純不離煎煮炒炸，備料也比食譜簡易輕鬆！

煎頗耗時，自助餐爲求快速出菜，大鍋炒、油炸占絕大多數，其餘或蒸或滷或涼拌，不囉嗦！往往一、兩道手續就端上桌，三色蛋、豬皮凍、獅

子頭、苦瓜鑲肉、壽司、春捲……等等，已算費工的菜，檯上若能瞧見三、四盤，廚師已算鞠躬盡瘁！大致上電鍋、炒鍋、煮鍋應付起來綽綽有餘（滷燉菜餚、點心類所需器具便不只這些），超適合惰性堅強的料理苦手，煎煮炒炸的眉角和程序得靠自我摸索（上網搜尋也有助益），鹹淡抓得準確，再參考自助餐的配料組合，失敗率應該比自製甜點低。

不管做事或做菜，人常會無意識地遵循慣性處理，久了便墨守成規，走一趟自助餐驚覺：原來炸南瓜香甜酥脆更勝炸地瓜和炸薯塊，原來豆腐、豆皮、豆干這些黃豆製品能和其他食材變出這麼多花樣，原來木耳可以自成一格，與薑絲加油添醋炒成烏黑油亮的一大盤，更甚者加入鳳梨，爽脆酸甜的滋味挑戰你的嚐鮮極限！番茄、紅蘿蔔、洋蔥、蝦仁和蛋一起攪和已司空見慣，小黃瓜煎蛋有點刷新味蕾，刨成絲的小黃瓜竟讓蛋料理多了一抹清新，而常人更不能接受的九層塔、香菜煎蛋氣味獨特，濃郁的程度不輸葷食……種種舌尖上的衝擊列舉不盡，這些或大或小的顛覆都是平民的創意與智慧，面對食材，每間自助餐都有自己獨到的觀點。

自己的健康自己救！

身為自助餐的代言人，為了不讓大家覺得小民賣瓜、自賣自誇，特地蒐集許多週邊資訊，健康和飲食關係緊密，俗話說「吃什麼像什麼」，衝著這句話更該降低垃圾食物的攝取。食物取得過於容易、三餐隨口慾，而美味往往由高油、高鹽、高糖所堆砌，小民猜想這應該是當今醫療水準比過去先進，現代人卻沒有比較健康的原因之一，數字是強而有力的證據，大費周章整理希望大家重視外食問題，努力賺錢是為了享有更好的生活品質，而不是為了看病！

✣老外散全台

媽媽前陣子感嘆景氣不好，新開幕沒多久又關門的店不知有多少，當房東最好，每個月房租收得眉開眼笑（？）。整條路上越來越多店家投身餐飲，似乎做吃的比較不容易倒店，真的有這麼好賺嗎？根據行政院主計處的調查顯示，台灣有外食習慣的人口高達九十三%，其

中約三十四%的民眾，每周超過四天在外用餐，七成的人每月餐飲支出六〇〇〇～一萬二〇〇〇台幣，望著自己每月的薪資單、再數數錢包裡的發票，稍不克制被自己吃垮不無可能……

㊿在外食族眼中是便宜與否的門檻（女性較容易達成），一〇〇元則成爲中等價位與有點貴的界限，自助餐吃到破百對「食量一般」的人而言有些困難，除非葷食主菜兩

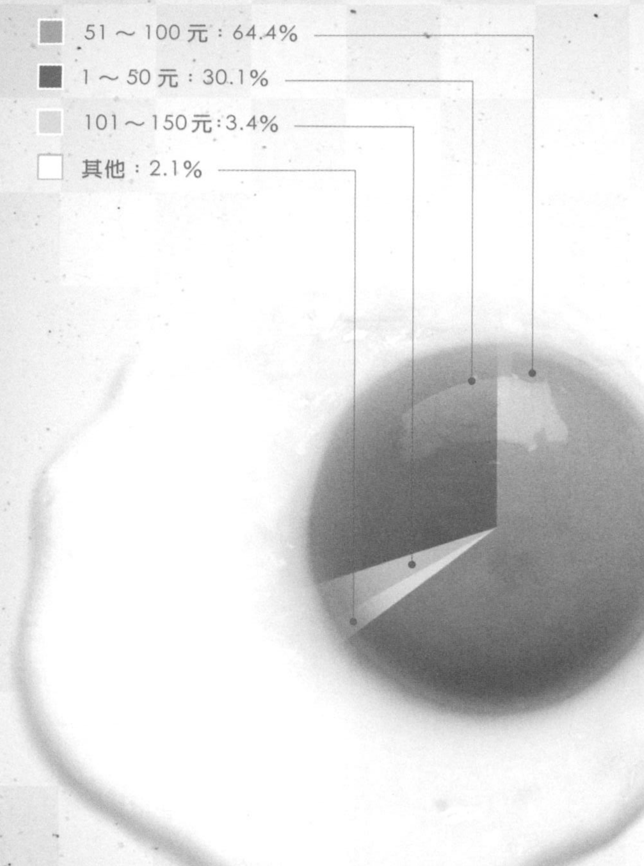

午餐外食消費金額荷包蛋圓餅圖，100元是分水嶺
百元以内擺平的比例竟然高達94.5%

樣以上（或者夾了一塊鱈魚），否則百元鈔票付出去，還是會找幾個銅板回來。

早餐外食比例約六十五%、午餐不意外高達七十九%，難怪超商和速食業者不斷推出許多經濟實惠的早餐方案，許多傳統早餐店也延長開業至中午時段。早餐、午餐外食人口已超過千萬，人人覬覦外食市場這塊超級大蛋糕，同業競爭之激烈程度不在話下，雖然每遇食安問題外食比例會下降，整體來說仍是個擋不住的趨勢。基金、股票、房地產都有投資風險，這幾年觀察下來，發現「外食股」才是持續攀升、後勢看漲、穩賺不賠（可惜沒有這種股）。

若非和家人同住且家裡開伙，小民肯定晚餐也在外，若加班一周，我就當一星期的百分百老外，不禁想問蒼天：「工作和在家吃飯是彼此相斥的選項嗎？」（厭世嘴臉）

快快快！趕著出門！
在家吃也力求加工容易、快速省時！
（是說事事省時也沒過得比較悠閒……）

大學生就甭提，不管是民初（誇飾）或當代的大學生都以玩樂、朋友、社團、學業優先，就算與家人住一起也不見得吃在家裡，稱大學生是外食族的萬年固定班底也不爲過。數據指出外食與單身人口、頂客族[5]、職業婦女增加息息相關，小民深切認爲「補習」和「加班」也是助長外食的一大主因（激動）！國高中生一旦開始補習、留校晚自習，家中晚餐便遙不可及，爲了更崇高的目標，犧牲這點家庭溫情不足爲惜，這是台灣人幾乎無一倖免的共同記憶。像我這類出社會十年左右、尚未婚嫁、同住的雙親又會煮飯的族群，八點前下班便會返家吃飯。對尚未有子女的夫妻、頂客族、獨居者來說，下班時間不要太晚，可能還會有繞繞超市買幾把菜、在家下廚的意願。

5 DINK是「Dual（或Double）Income, No Kids」的簡寫，代表「雙薪水、無子女」的家庭。

自助餐可依照顧客需求包出價格不同的便當，十分客製化的貼心服務

一旦有了小孩，外食成為職業父母的救贖，婚前覺得在家吃愛心晚餐很是溫馨、婚後兩人世界膩在一起下廚也挺甜蜜，新生命誕生風雲變色……孩子稍大重返職場後，只希望可以在八點前完成接送小孩、解決晚餐這些例行公事，除非五、六點下班，職業父母通常沒時間、沒心力在接送兒女之餘烹飪晚餐，共享外食儼然成為主流，雨天塞車不要太嚴重大概是他們最平凡的渴求。（生育率已經夠低了我還講這些）

小民在此分享的是「日常」外食午晚餐，一般人不太會天天吃的百元簡餐不在討論範圍內

路邊攤

吃路邊攤的心態分兩種，偶一為之、為滿足口腹之慾的略過（好比吃遍夜市的紓壓行程），對於辦公地點鄰近市場的人而言，路邊攤幾乎是每日的午晚餐，包滿青菜的潤餅捲大概是最為健康清爽的選擇，任君挑選的滷味也還算均衡，很多瘦身有成的人都以青菜、海帶或豆干搭配冬粉！可惜這類攤位可遇不可求，仍以販售澱粉類的居多。米粉、麵條即使灑上豆芽菜或小白菜，蔬菜量仍然匱乏，與其加點一盤嘴邊肉或脆腸不如來份燙青菜，乾麵、炸醬麵等等淋有肉燥的麵食，想降低熱量的人可以醬油、黑醋、胡椒粉替代增添風味，或改選湯麵，麵湯淺嚐即止，湯汁普遍很油或有勾芡，高鈉（高鹽分）還會引起水腫，出門前褲子合身略鬆，回家變緊身窄管。

西式速食

速食的優劣不需多費唇舌（顯示為很怕被告），為求方便或偶爾嘴饞打打牙祭當然無妨，此時小民副餐會選擇生菜沙拉（搭配和風醬）和一杯無糖綠茶，先吃沙拉、飲料再喝個半杯，整頓吃完九分飽。

與其說管的了嘴，不如說管的了「想吃的慾望」，和購物一樣，想買、想吃的總多於該買、該吃的

省時方便、據點眾多，以77.6%的高佔比成為外食族首選，小民個人把超商食物定位在「應急用」（顯示為被超商封殺），女性食量小、對熱量斤斤計較，三餐常往超商跑，男性若要產生飽足感，金額極易破百。鮮食口味多變還是澱粉過多，雖然三角飯糰、關東煮都能吃飽，從營養均衡的角度切入，不宜長久做為正餐。而超商正餐類的熟食多是微波食物或再製品，鈉含量不容小覷。外食最大的問題在於澱粉過多、纖維不夠、油品普通／不佳，在青菜不易取得的環境中，至少能在超商添購水果、堅果和豆漿。

主菜多「滷」少「炸」，主菜已是蛋白質、米飯也澱粉充足，配菜若可自選時，盡量選擇青菜來平衡，綠色葉菜類尤佳。糙米或五穀飯優於白飯，工作低勞動者建議減少二分之一到三分之一的飯量，店家常會附送湯飲，飯前喝些湯水，幫助消化又減少食量，先湯後飯的進食順序有益消化、飽腹感十足也不會令人感到飢餓難受，日本稱為「熱湯減肥法」，研究顯示實行一年體重有效減輕六、七公斤，沒有抑制食慾的痛苦，成效又還算顯著，何樂而不為？

在小民看來，將美食拍照打卡不算什麼小確幸，常常分享自己下廚的成果才是令人艷羨的幸福！一來代表你會煮飯而且廚藝不差，二來可見你下班時間不算晚或工作沒讓你身心疲憊到回家只想一動也不動，三來代表比較不用擔心無良店家造成的食安困擾——在家下廚根本中確幸！不妨做個實驗：把美食名店令人垂涎的食物美照、你自己煮的家常三菜一湯照片分別上傳，後者引發的迴響肯定比較多。

✣老外的內憂與外患

小民把自己的外食態度分兩種，偶爾和親朋好友聚會吃好料，心情絕對充滿期待外加穿的很帥，情感交流穿插大啖美食果眞療癒雙重。平常在外解決三餐的感覺則和逛賣場差不多，日用品用完所以添購，肚子很餓所以吃，心態的確比較隨便，和客戶洽公的咖啡店常是解決午餐的場所，管他吃鹹吃甜能飽就好，這樣當然不對，食物不僅只是消弭飢餓，食物還提供身體所需的營養素和維持體力的能量。

吃喝昂貴不等於安康百歲，三不五時鵝肝、肥腸、菠羅包，慢性疾病保證提前報到，並非人人有餘力負擔價格昂貴的有機食品和保健品，關鍵在於「吃什麼」，健康無憂兼省錢無患非夢事！

優先顧好三餐，行有餘力再考慮添購營養補給品，三餐可是健康基本盤，均衡飲食初步帶來的生理（飽足感與各器官機能運作）、心理（愉悅）、經濟（實惠）效益遠勝於吞一大把維他命。

近年來運動風氣正盛，然而體態的維持「七分靠吃、三分靠練」，是否突然驚覺飲食和內在健康、外貌形象密不可分？現代人似乎常常本末倒置：年節後健身房人滿爲患、飲食習慣越不正常的人越仰賴瓶瓶罐罐，運動若爲了消除罪惡感、吃維他命若爲圖個心安，倒不如兩者皆拋，好好吃三餐、有效又划算！

下午四點是意志力最爲薄弱的時分（尤其是禮拜五），有些同事喜歡團購美食和叫外送，炸雞排、蛋糕、比薩、蔥抓餅輪著吃，零食、飲料不離手，下午茶豐富的程度和逢年過節有得拚，這些點心的熱量很可能遠多於正餐，滿足心理、苦了身體，小民覺得減肥很痛苦，大多泡杯熱茶、吃著橘子或香蕉與他們精神同樂。

二〇一六年國人十大死因排行榜仍是惡性腫瘤居冠[6]，其次依序爲心臟疾病、肺炎、腦血管疾病、糖尿病……其中和生活習慣息息相

6 癌症前十名依序是：(1)氣管、支氣管和肺癌(2)肝和肝內膽管癌(3)結腸、直腸和肛門癌(4)女性乳房癌(5)口腔癌(6)前列腺（攝護腺）癌(7)胃癌(8)胰臟癌(9)食道癌(10)卵巢癌。

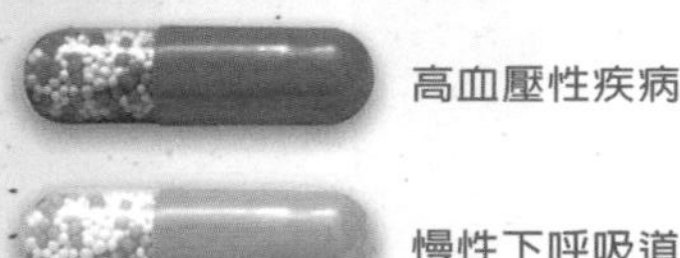

2016國人十大死因膠囊長條圖，惡性腫瘤蟬聯冠軍35年

關的慢性疾病，比例竟然高達全體的八十二%。我想健康地活到七、八十歲，如果中年就坐輪椅、背尿袋、洗腎，那成爲百歲人瑞也不值得恭喜（勢必也負債累累吧）。

影響健康的四大因素中，我們無能爲力的先天遺傳占二十%、環境二十%，醫療服務十%，剩下的「五十%」全取決於後天的生活習慣。健康是起伏的動態，是你過去的飲食方式、日常作息所累積的「結果」，只是不像存摺本，有明確具體的收支數字提醒你：「上個月飯局太多，最近該清淡飲食、多攝取蔬果；上周天天下雨，最近天氣放晴該恢復運動……」往往等到身體感到不適，才警覺健康已經入不敷出。

第二章

小民就是你的眼。

自助餐的經營方式間間不同，每個人的用餐經驗又與地緣關係甚密，小民將眼到、鼻到、心到、口到的精神實踐於三餐，倒也整理出一些放之外食八成準的原則，希望讀者覺得小民想太多之餘，能從粗茶淡飯中品出生活的韻味。

第一印象決勝負

人要衣裝、佛要金裝，走平實路線的自助餐理當不會金碧輝煌，門面的整潔才是關注焦點，雖然我也曾目睹黃澄澄的賓士計程車，但裝潢高檔的自助餐肯定是吃到飽的那種自助 Buffet。

店家外觀是客人判斷它乾淨與否、要不要入內消費的重要參考，用餐空間以落地窗引進自然光已超乎講究，再裝上幾盞散發黃暈的吊燈增色餐點，促進顧客食慾添飯連連！

✣生意持久度

新開張的店出於新鮮感，生意總是特別好，此時爸爸會說：「先別急著去吃，看它能撐多久再說！」之類的風涼話，對餐飲業

用餐時刻總是門庭若市
這就是 CP 值的保證

而言「好的開始真的是成功的一半」，客人一試成主顧，便是上軌道的開端，口味、衛生和價錢都須兼顧，不對味、環境髒、價格高……顧客首次嚐鮮敗興而歸，怎麼可能二度掏錢？小本生意仰賴消費者重複光臨，經營一段時日、用餐時段大排長龍的店家常常是味道不錯、衛生無虞的保證，當日烹煮、當天賣光，原料勢必新鮮→原料新鮮烹調出來的料理當然好吃→料理好吃生意自然興隆→生意興隆於是當天賣光……這是個良性循環，老闆生意做的眉開眼笑、顧客吃的心滿意足，此乃有益雙方身心靈健康的好事一樁。

✤腳踏實地去體會

可以從自助餐的地板判斷老闆的個性，雙腳來回走動感覺一下，越黏代表老闆越懶，微黏代表一個月洗兩次地板，不黏腳表示老闆打烊大概都在店裡打掃，地板黏不一定代表衛生差，油煙多多少少會從廚房飄到用餐區，內用稍微留意四周便會發現，即使是空間開放的路邊攤，調味罐、筷子桶都有點黏手，在意的人當然可以改吃別家，小民爲人隨性外加大剌剌，情況沒有太誇張還是會在原店消費。呼籲各位老闆要定期清掃，走起來「黏踢踢」的地板極易讓人產生衛生不良的聯想，而且它仍具有某程度的參考價值，眞的會嚇跑很多客人喔！

✣提早聞到，提早烙跑

可別認爲廚餘桶骯髒無比，沒人整理才是髒臭的原因，廚餘桶周遭還算乾淨的店家，衛生比較沒問題（當然無法和家裡相提並論，也並非每位客人都很有公德心）。台灣夏季悶熱，廚餘附近難免看到幾隻飛舞蒼蠅，正

常情況不該誇張到產生令人屏息的發酵味，飯後準備丟餐具才瞧見慘狀的人，請爲自己的腸胃祈禱……用餐前不妨直搗黃龍，前去廚餘區視察以求心安。

老實說台灣的餐飲環境已難聞到廚餘味，個人認爲「蟑螂味」才是超強效驅客利器！不僅自助餐，我在麵包店、熱炒店、麵店都曾領略這驚人的氣息，與油耗味同中有異，太噁心也不想多加著墨，奇妙的是並非人人都嗅的出，小民則是每聞必逃。

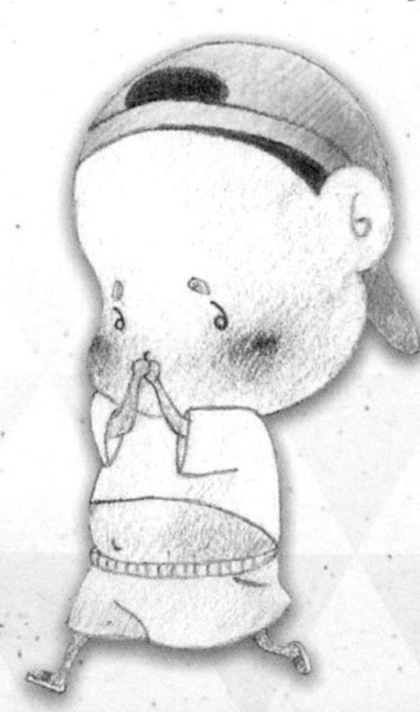

✣裝潢出在菜身上

不重裝潢不等於菜色差，服務人員越少、用餐環境越是不講究氣氛的，十之八九越實吃，就像飯店喜筵的澎湃程度，往往不及棚架下吃得汗流浹背的辦桌，沒有誰對誰錯，看你在乎的是吹冷氣還是吹電扇，非連鎖的自助餐往往將精省下的佈置、人事等雜支費用回饋於價格。

小民之前外出辦事，進了間生意看來不錯的連鎖自助餐，走入店內發現別有洞天，空間坪數頗大，餐檯的右後方還附設「鐵板區」，可以現點蔥爆豬肉、黑胡椒牛柳或煎蛋等等，熱炒類的菜餚火速燒燙呈現在客人眼前，誰料的到自助餐竟融合鐵板燒？小民當下有些震驚，餐飲業競爭激烈程度由此可見！消費自然比一般自助餐昂貴，撇開鐵板區不談，紅燒小管、白斬雞、高麗菜捲、涼拌青木瓜絲……餐檯上的菜色講求精緻，熱湯也需額外購買，我沒點鐵板燒，這頓飯仍輕而易舉突破百元大關，已快和平價鐵板燒的消費不相上下。天天光顧太傷盒包，想花小錢善待自己可以選擇這類複合經營的店家。

✣以貌取菜

別急著拿餐盤，先掃視有沒有合胃口的菜，提不起興致就改吃別的，一來比較省時間，二來也不會害老闆空歡喜一場。剩菜的處理也是消費者在乎的問題，小民請教過去曾經營自助餐的叔叔，他說葉菜類容易變色，

剩餘必須全部丟棄，肉類隔一餐口感差異不大，可再加熱或變化成其他菜餚，有的人注重新鮮度，寧可吃現煮的陽春料理也不願吃隔夜的滿漢全席，其實眼睛辨別得出剛剛起鍋或舊菜重炒，現炸排骨的顏色就比回鍋排骨淺一點。

記得某次到外地開會，晚餐隨便找間鄰近的自助餐解決，檯面上的炒豆干顏色略深、邊緣看起來好像有點硬、份量也只有半盤，憑著小民縱橫自助餐多年的經驗，一瞄就知道是中午剩的，吃下去當然不會怎麼樣，人要惜福，在家偶爾會吃前一餐的剩菜，出門在外總覺得花同樣的錢，還是吃現煮現炒的比較划算。

健康事，交給自己試

因應現代人生活與工作型態，外食的趨勢銳不可擋，小民推測三餐全外食和早午餐外食、晚餐家裡開伙這兩大族群應爲最大宗。身爲老外一族，深刻體會營養師提供的外食建議人人懂，但執行上存有難度，家人和我本人也沒空，沒心思準備愛心午餐，自助餐、便當、快餐算是最貼近健康的外食，雖然油膩的部分常爲人詬病，但還算可造之材。

✣你可以再靠近一點

選菜和交朋友道理相同，透過眼睛觀察先從「選擇」做起，面對琳瑯滿目的菜餚，與其邊吃邊挑揀，不如一開始挑選合你要求的，不用再花力氣撕皮、吸油、瀝湯水。現今健康意識高漲，人人都清楚哪些食物多吃無妨、哪些又必須少碰，小民把食物分成可常吃和偶爾吃，沒有所謂的「禁吃」。自助餐通通任你選，避免得罪顧客的老闆不太可能說：「先生，你已經夾了紅燒肉，別再夾香腸了，換成兩樣青菜吧！」自己的身體得靠自己打理，請調整心態，管好嘴巴，才有辦法獲得理想的身材和眞正的健康。

菜肉交輝、熱氣薰騰，此情此景是否
讓你常在餐檯前失控夾太多？

學習自我控制！別讓口中的肥美變成
卡在血管的油膩負擔！

炸騙防範

大家都知道吃炸雞要撕雞皮，沒辦法，速食店的雞肉普遍油炸處理，自助餐還你自由，同樣的食材有多種料理手法，滷雞腿、白斬雞比炸雞排低熱量，蔬菜還是煮、炒、涼拌為佳，天婦羅（蔬菜裹麵糊炸）純粹滿足口腹之慾，油炸高溫幾乎把蔬菜的營養破壞殆盡，外頭脆脆的麵衣更是高卡路里，小民以前常夾炸香菇，剝掉外皮麵衣後再吃，回想起來覺得相當可笑又多餘，直接改吃炒草菇不就得了？

左方的難洗組（花菜）與右方的省事組（青椒和瓜類）

削皮無洞不卡髒

洗菜是良心事業，浸浸水還是真有清洗？唯有廚房人員心裡有數，有此顧慮可改夾瓜類、根莖類，剝掉外葉裡頭乾淨無泥沙的高麗菜、大白菜，清洗不費力的空心菜也都是不錯的選擇，至於很多隙縫的花椰菜則視個人潔癖程度而定。（個人覺得農藥比髒汙更可怕）

追求頂尖的菜

部分民眾覺得自助餐太油膩，趕著出菜的廚師也很無奈，此情形有好轉的跡象，隨著健康意識的抬頭、價格三級跳的沙拉油，自助餐明顯變得比較不油。頂尖的菜最乾爽，不用再花力氣甩湯瀝汁，底層的菜不正因爲油和湯水而變得油油亮亮、閃閃動人？偶爾嘴饞想吃炸物更要專挑頂尖，最底層的炸物油光滿面，根本是整盤炸物的囤油倉。

隱形增肥劑

擔心吃入過量的油，所以改夾尖端的菜並且少吃油炸食物，光是這樣還不夠，芶芡的菜餚、濃湯也潛藏高熱量，芶芡是糊狀的澱粉，一般人不會因爲喝了兩碗玉米濃湯而少吃半碗飯，淺嚐即止當然不會有影響，經年累月累積的結果就很驚人。如果店家當天提

供酸辣湯，小民通常只盛一碗，已養成喝清湯的習慣，假使當天剛好很餓，飽腹感十足的濃湯則無疑幫上大忙！

plus! 小民老實說

小吃攤一碗平凡的白蘿蔔湯通常要價⑳元，鍋貼店的豆漿、熱湯差不多游走⑮～㉟元（當然還有更貴的），飲料更是不用說，主打原料嚴選，外帶一杯動輒60元以上，破百也不罕見，列舉這些並非要做無謂的比價，我深信它們的價值和品質，倘若我追求的是長久之道，相形之下它們便顯得花俏、濃重，常常消費對身體或錢包而言也有些負擔，不似自助餐，四菜一飯、免費的冷飲熱湯，與家庭料理最為貼近，天天吃都無妨（真不愧是代言人）。

美色傷身體？

剛上桌的綠色葉菜最是油綠，顏色會隨著降溫逐漸偏黃或轉為更深的綠，純屬天經地義的自然現象，色澤總牽動食慾，記得兒時爸媽幫我準備便當總會避開容易發黃的葉菜，「即食性」是自助餐的最大優勢，不用考慮耐放與否，廚房甫出菜、顧客秒掃光，熱炒青菜種類繁多、價格實惠的集散地就在自助餐（颱風天可能只剩根莖類）。

降溫的菜葉還保有翠綠的色彩，背後可能另有文章，據相關人士透露，少數業者使用一些添加物以維持蔬菜鮮綠的模樣；肉類也是，餐檯上放一陣子，口感還軟嫩的像剛起鍋，讓人不禁心起疑竇……掌握烹調技巧的確辦得到，這部分虛實難辨，小民非食品專家，也不想搞的像危言聳聽的網路謠言，觀察老闆一家和員工是否常吃／敢吃廚房端出的飯菜，我想這是最有力的背書。

見菜眼開樣樣來

去除農藥的作法莫衷一是，還須針對農藥種類對症下藥才有效，然而此菜噴灑何種農藥？大概只有農藥販售者和農夫知道，菜葉洗到變型仍無法確保毫無殘留，選擇當令的蔬菜即能緩和此疑慮，病蟲害少又生長快速，農藥毒性強且所費不貲，農人何需為了量多價賤的作物額外花錢？

味道微苦甘如：A菜、大陸妹（芥菜、苦瓜除外），汁液乳白或帶有黏液如：地瓜葉、

空氣五味雜陳，
新鮮直抵掌心。

秋葵、野菜[7]，真空包培養的菇菌類如：杏鮑菇、金針菇、香菇等，紅鳳菜、莧菜、龍鬚菜也是不太受民眾青睞但礦物質豐富且少蟲害的菜，辛香或味道特殊如：蔥、蒜、洋蔥、薑、九層塔等等，都是稍可放心的品項。小黃瓜、小白菜、玉米筍、高麗菜芽、豆菜等類的農藥噴灑量高，沒有提前採收就不需擔心殘留，關於這點只有菜農心裡清楚，擔心也是徒勞無功。

小民腦容量有限，畢生致力於化繁爲簡，無須特別背誦四季盛產的蔬果種類，自助餐薄利多銷，勢必買進最便宜的當季生鮮，自己下廚也是把握逢低買進的原則，大致上夏季多吃根莖瓜果、冬季多吃葉菜類時蔬，多元攝取就是分散風險，開始對各類蔬果大開門戶、來者不拒吧！

7自助餐可見的野菜：皇宮菜、川七、山蘇、過貓等等，野菜價位高，故出場機率偏低。熱炒店較常見，野菜價格約一般青菜的兩倍。

成為一個膚質差、內分泌失調的瘦子，根本得不償失！請慎用此招！

✣食地演練，輕而易舉！

現在來分享簡易的加工步驟，工具只需要筷子和碗，其實做出好的選擇就不太需要弄東弄西，以下方法可能稍嫌偏激，有需求的民眾再自行斟酌參考，會採用這種作法的人大多是一味求瘦的年輕小姐和愛美人士，小民認為長期這樣飲食不妥，油脂也是重要的營養素，攝取不足會使皮膚粗糙黯沉、容易便秘、脂溶性維生素無法吸收，更嚴重還會導致內分泌失調甚至停經，對女性影響特別大，現今蜜大腿和健美當道，不實行完全沒關係，可當作趣聞聽聽。

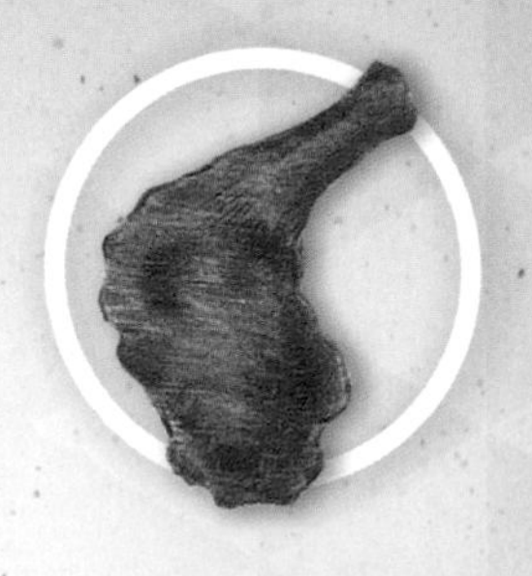

熱湯就很油切？

小民有次太晚去自助餐，幾乎每道菜都見底，頂尖的乾爽菜幾乎全被掃光，於是利用這個機會，試驗女同事們口耳相傳的熱湯去油法，把菜挾起放進湯裡、

令人倍感欣慰的湯飲自助吧

油光閃動，
斟酌食用。

再用筷子隨意攪動，沒幾下湯面就浮現晶亮的小油滴，不過菜的滋味瞬間變淡，好像腸胃炎時吃的清淡飯菜，若非菜餚偏油我還真不想這麼做，好在料理方式尚有煎煮炒炸，食物全部水煮，人生是乏味黑白的！飯後別忘了把油湯倒掉，一飲而盡無疑白忙一場。與其將食物過水去油，不如飯前喝碗湯，有益消化還能減少食量。

自我節制就不用撕皮剝肥肉

爸爸皺眉問：「把雞翅膀的皮撕掉、把滷肉、蹄膀的肥肉剔掉不就免吃？」小民非常認同他的話，遇上「皮肉難分難捨」的情形，配菜改以清淡少油的青菜（別再淋肉燥）平衡回來。雖說反式脂肪[8]的危害遠大於天然的動物性脂肪，但不代表就可以對高脂肉類毫不忌口，新聞曾報導台灣人的血太油，枉費你滿腔熱血想捐也不行！先從每餐固定只吃一樣肉類做起，自助餐主菜隨君挑選，更是仰賴自制，自制永遠是人生最難的一課，無法控制自己、總向口慾屈服的人還是乖乖揀瘦肉吃吧！

---

8 藏於「氫化不完全」的植物油——即人工（造）奶油中，攝取過多會增加罹患心血管等慢性疾病之風險。糕餅麵包、炸物、抹醬等香、酥、脆的食物使用最廣，業者所用的油是否氫化完全不得而知，無成分標示的還是少吃為妙。

惦惦存三豬公

小資男女領薪前的獲救實錄

台語有這麼句俗諺：「錢四腳，人兩腳。」只有兩條腿的人永遠在追錢跑，更何況還有一張吃四方、永不饜足的大嘴？不管時機怎麼變化，活著就必須吃，本來就跑不快的我們，於是離金錢越來越遠……不用太悲觀，反正世局不會爲誰而變，物價動盪的年代，至少還有物美價廉的自助餐，月底的艱難時刻伴你解決午晚餐，厲害的省錢達人，可以用一碗牛肉麵的錢吃兩頓飯。小民結合旁人和自己的用餐經驗，這麼做眞能省下一些銅板。

自助餐的計費方式大致上分「看樣數」和「秤重」兩種，介紹的同時順道分享相關的省錢撇步，貫徹「一毛都不多付，一口都不少吃」的極致精神，用心計較每一勺匙。自助餐老闆常跟小民閒話家常，他說顏色相近的菜要分散擺置，整體錯落有致，顧客不自覺就會多夾幾樣，在店門前搖頭晃腦觀望稍久的多數是新客，菜色排列美觀方能吸引他們進來。

所以在踏入自助餐前，最好先想好今天要吃幾肉幾菜，一般人很少思考這個問題，餐檯色彩越繽紛豐富、不自覺夾得越多，平常三菜一飯解決，眼睛卻受菜餚美色誘惑而夾了五種，不僅多花錢又意外吃的有點飽（好像不小心出賣老闆了）。

樸實的家庭料理，配菜選擇多又附免費湯飲，耐吃又實惠，小民可以天天報到

✣看樣數的灰色地帶

老闆用目測的方式算錢，一般來說：葉菜、菇、豆、瓜、根莖類等無肉菜10～15元，肉丁、肉片等快炒15～25元，蛋類不一定，蒸蛋、煎蛋最便宜，蝦仁炒蛋理當比洋蔥炒蛋貴，通常介於10～20元，炸物、再製品、滷菜一個5～10元，肉排、海鮮類等成本高的主菜，價格橫跨30～60元（更貴的也有）之間。我常吃的那家，沒肉的菜一樣12元、兩樣25元、三樣35元，老闆覺得這樣比較方便計算。價格沒有絕對性，交情深厚可隨機享有人情優惠價。

還有另一種情形，店家雇用打菜員幫顧客夾菜，客人只要出一張嘴或一根指菜的手指，如此便無須擔心夾的菜量少於一份或過量被多算錢。連鎖自助餐更求精緻，不只聘請打菜員，還將菜餚小份量分裝供顧客自取（有的還擺上蘭花當盤飾），賣相雖好但羊毛出在羊身上，營業前花時間分菜，打烊後清洗一堆小盤子、小碟子，皆需投注更多人力，加上店面位置精挑細選，坐落巷口或三角窗等黃金地段，價格自然比一般自助餐貴。

打菜員能有效避免糾紛，畢竟每個人對於「一份」的定義不同

張開你的金口

無論宮保雞丁還是炒青菜，不分有肉還是無肉的菜，通常「微滿的一平勺匙」等於一份的量，向老闆問價是最保險的作法，小民以前臉皮很薄不敢提問，某次到陌生的自助餐吃飯，結帳時被金額嚇一跳，一尾不到巴掌大的紅目鰱要價㊵元，羞於詢問價錢更甭說把魚退回，只好心情鬱卒邊吃邊嫌貴。現在會換個角度想：「老闆敢賣這個價錢，我又有什麼不好意思問呢？」講清楚、說明白才不會造成雙方誤會，退菜[9]比問價格尷尬一百倍。

9《消費者保護法》規定，業者有義務公開不同菜色的計價方式，消費者在「結帳前」覺得不合理，都可以把菜放回去拒買。

看樣數的自助餐不適合少量多樣，結伴前往可以互夾彼此愛吃的菜交換分享。我曾有個血淋淋的經驗，沒問店家怎麼收費，毫不猶豫地夾了五樣，份量只有一半，老闆卻說85元，當場面無表情、內心晴天霹靂！反觀身後的婦人，夾的樣數比我少、份量比我多還比較便宜，那頓飯吃得捶心肝，根本是吃虧配飯！也不能一竿子打翻一船人，常去的那幾家老闆為人實在，某次問他：「怎麼多10塊？」他還很有耐心地為我說明，原來其中兩樣菜的份量有點超過，老闆眼睛真尖，視力媲美飛行員！有的結帳人員會擺出「嫌貴就不要吃」的嘴臉，其實客人只是想知道原因，何必搞得彼此不高興，和氣才能生財呀！

儘管貪心

擺菜的方式很重要（雇有打菜員則不受此影響），塞滿便當盒的隔間、不要超過餐盤的隔線，菜餚隨意亂塞、奔放的樣子極易使人誤判份量。至於魚、雞腿、排骨等等的主菜，早報到的人享有優先選擇權，反正無論大小都是單一價（雖然大小差異不大），眼明手快、先搶先贏！既然價格依樣數而定，那便無需瀝湯甩汁，皮蛋豆腐挑皮蛋最大的、剖半的鹹鴨蛋選蛋黃最大的，春捲也挑最大捲，重量沒在怕，多吃一口是一口！

人不輕狂枉少年，大學時代的小民為了省伙食費，什麼奇奇怪怪的方法都使過，現在自食其力，就不必過度委屈。自助餐不僅是中午最常去的外食場所，也是我的青春記憶，

每次回想都不知道該說自己聰明還是自做聰明……秤重收費則有更多撿便宜但良心猶在的旁門左道，欲知詳情請繼續看下去。

✣請讓我秤心如意

看樣數比較沒什麼特別的省錢招式，無論菜餚有無挾湯帶水，絕竅在於「精確抓準一份的量」（雇有打菜員便無此顧慮），過量就會被加錢，反之若菜餚份量不滿一份，有的老闆也不會因而少算錢……相形之下秤重收費富有挑戰性多了，葷食自助餐一百公克通常落在⑮～⑳元，肉類會再斟酌增收⑤～⑳元，所以不一定越輕越便宜。

不用在乎樣數是秤重收費的優點，除了需要另外加錢的主菜，少量多樣、多量少樣都可以，不太會有「被坑」的問題，豆腐類、根莖類等「重量級」的菜比較不划算。美食街、校園、公家機關附設的自助餐為了節省時間，多採秤重計價，素食自助餐因為素料貴（也有人說是因為純素食者的用餐選擇少），秤重收費才合乎成本；有位廚師曾跟我說，「鍋邊素」的人去一般自助餐消費既方便又省錢，小民以身試法，發現同樣無肉的菜色，葷、素兩店價差高達30～40。收費模式隨店更改，

重量一直跳一直跳……別讓小民不開心

小民在大樓附設的美食街吃過一百公克㉕元的偏貴自助餐，不管全盤皆肉還是整盤全菜，全依重量收費且不會增收主菜費，排骨、雞排重量比帶骨的雞腿、豬腳輕，我的餐盤立刻從養生的三菜一蛋搖身變成肉慾不已的三肉一菜（偶一爲之囉），用餐戰略因店制宜。

減重是入門基礎

湯湯水水的菜餚，請拿有洞的湯匙舀，面對我最愛的蕃茄炒蛋，直接夾「固體」的蕃茄和蛋比瀝湯更有效率，至於山東大白菜、高麗菜等多汁的青菜請夾乾爽的上層，下層都飽吸湯汁。看過一位粗殘的大嬸，右手拿著一匙滿的金針菇，左手拿空湯匙，朝右匙的金針菇加壓，金針菇湯汁瞬間從兩側涓涓

流下，減重立即見效，實際執行需要頗高的恥度……節省兩、三元的湯水錢是一種終極追求，還是無謂的自我苛求？至今我仍想不透。

辦法因菜而異

青椒炒肉、洋蔥里脊等類的肉片、肉丁通常需要再酌收⑤～⑩元，雞腿、排骨等等大塊的主菜增收約莫⑮～⑳元左右，海鮮類可能更多，都是成本的反映，完整的肉、成尾的

常做著爌肉、雞腿、魚排、雞胸全都吃的白日夢

魚當然比切丁的貴。需要「額外加錢」的菜不適合少量多樣，我發現這個增收方式有盲點，一份咖哩雞的確需額外付⑤元，換成咖哩雞、糖醋肉各半份卻常須多付⑩元，總份量相同，卻因爲樣數增加而貴⑤塊。那麼主菜是不是越大越划算？提醒您別忘了秤重器的存在，雖然加付的錢一樣，體積越大可是越重。

✣快餐自由配

這種「類自助餐」的店家越來越普遍，它結合傳統便當店選主菜的方式，牆上掛有價目表：叉燒、排骨、爌肉、雞腿……等等，又或著大張旗鼓豪邁地均一價㊺元。選定主菜後別急著結帳，還有十樣左右的配菜供客人選三種，形式和自助餐十分雷同。不嗜肉類無主菜也可，店家普遍提供四菜一飯的「菜飯」，也碰過七菜（量少樣數多）一飯的快餐店，非連鎖的商家總存有相當大的差異，對於工作疲憊到

分明是自己挑選的菜色，
仍滿是期待打開餐盒，
微笑發自內心，
食物真能療癒心靈。

唯有三餐值得期待的上班族（可能只有我這般悲催）來說，價格有時是其次，餐檯上的菜色才是入店與否的關鍵。菜飯較少人點，想吃菜的人通常會去菜式選擇更多的自助餐消費。小民十分推薦菜飯，一餐無肉，腸胃輕鬆！

「必有肉吃」是此類型快餐店的優勢，自助餐有時一肉三菜還可能比較貴，另一方面也改善傳統便當店配菜沒得挑的缺點，

小民中午最常光顧的默默無名快餐店
菜飯是我的最愛
沒有肉類也不覺空虛，配菜大放異彩！

土豆麵筋，古早味
涼拌黃瓜，微辣爽脆
酸菜、木耳拌炒豆皮，菜色的變化無窮、零侷限
茄子乾炒九層塔，香氣濃郁開脾胃

曾看過有人只顧啃雞腿，其他配菜筷子碰都沒碰，配菜開放讓人自由選的「利」已大於配菜種類少的「弊」。主菜是吸引顧客的最大賣點，只要做出口碑，椒鹽豬排便能賣翻天。餐飲業競爭激烈，不只快餐店結合自助餐供客選菜的優點，部分自助餐店也販售均一價⑥⓪的便當、推出價位任君挑選（⑦⑤元上下居多）的包便當服務。

聽明如你應該發現了一個訣竅（或者說一個規則層面的漏洞？）：可以直接請自助餐店員（通常是老闆）包一個菜色你挑選、價格你自訂的客製化便當（建議避開尖峰用餐時段或提前電話預訂），兩樣主菜搭配兩樣配菜⑥⓪元無非強人所難，店家九成會面露難色，還是要與民生現實接軌，在合理範圍內開出你的需求，結帳時刻不再膽戰心驚。

✣薄臉皮省錢術

網路上很多自助餐的教戰攻略，部分手段讓人看了不住皺眉，「愛錢有理、省錢無罪」，絕不可違背良心做出欺騙的行爲，好比

去吃到飽消費，你可以在店裡狂吞十顆生蠔，但不能偷偷挾帶一個小餐包，善用店家提供的免費資源，在「合乎情理」的範圍內享用，點一碗⑩元白飯、澆上免費滷汁外加狂喝五碗湯就是欠缺同理心的表現，小民可不是要助長讀者成為人人喊打的奧客。

吃肉不用多付錢

這個想法應該是很多人的心聲吧？聽似無理取鬧還是辦得到，大學生小民頗愛用這招，除了菜、肉、蛋類，自助餐還有甜不辣、貢丸、豬血糕、黑輪等等魚漿、肉漿的再製品，最大的好處在於有「鮮味」，滋味雖不比真正的肉類，總比為了省錢、整盤全青菜要來的強，因為是肉品複合澱粉的產物，價格和蛋類料理差不多。

再製品吃多也不好，想健康一點的人，可

以多留意炒豆干絲、開陽白菜、炒西洋芹這類菜餚，為了增添風味多半會放肉絲、小魚乾、蝦米拌炒，奸詐的小民專挑這些「好康配料」，所以我夾的螞蟻上樹肉末偏多（不會全盤掃光，要考慮一下別人），肉類的比例、口感當然沒辦法和蜜汁排骨、蔥燒雞柳相比，但是不需要額外掏錢，本來就不該要求太多。（※店家雇有打菜員便無法施展此招）

乾過癮騙舌頭

和前段提及的方法有些雷同，但顛倒過來：「避夾肉類！」青椒炒肉只夾青椒、咖哩雞丁只夾裡頭的馬鈴薯、滷蹄膀只夾飽浸滷汁的筍絲，然而青椒不再是原來的青椒，馬鈴薯不再只有馬鈴薯的味道，它們全被賦予更濃郁的滋味，看得到肉類、看不到肉味，結帳何須多付錢？（※店家雇有打菜員便無法施展此招）

便宜合體技

長期觀察自助餐的情侶檔，發現幾乎全由女方選菜、男方在旁亦步亦趨拿餐盤裝菜，小倆口甜蜜蜜地「合吃一

盤」，小民冒著被戀愛閃光刺瞎的危險，偷瞄他們夾些什麼，總共不過五樣左右就很夠兩人配飯，標準的「一人呷一半，感情卡袂散」！馬上現省兩、三道菜順便增進情感。小家庭10也很常見，一家三、四口共享兩盤菜，兩張百元鈔即能滿足全家一頓飯（食量的不同，約莫有正負㊿元的誤差），有菜、有肉、有湯飲，在這個萬事吃緊的年代，大概只有自助餐辦得到。執行重點在於把菜裝在「同一盤」，如果各拿餐盤、各夾各的，你選四樣、我夾三種，完全不會比較划算喔！

小菜很給力

常在自助餐的結帳處或餐檯上瞧見豆豉炒菜脯、辣椒蔥醬等開胃小菜的蹤跡，如同牛肉麵店準備酸菜供客人取用一般，小菜開胃所以很重口味，配菜無須太多，夾一點辣菜脯，鹹度肯定夠配飯。我認為「省一樣菜」便足矣，只夾一道菜、全用菜脯配飯當然超級便宜，在此勸各位「省錢誠可貴，健康價

10 小家庭的意思近似英文 Young family，子女年幼，年齡中年級以下。

稀鬆平常，

生活劇場。

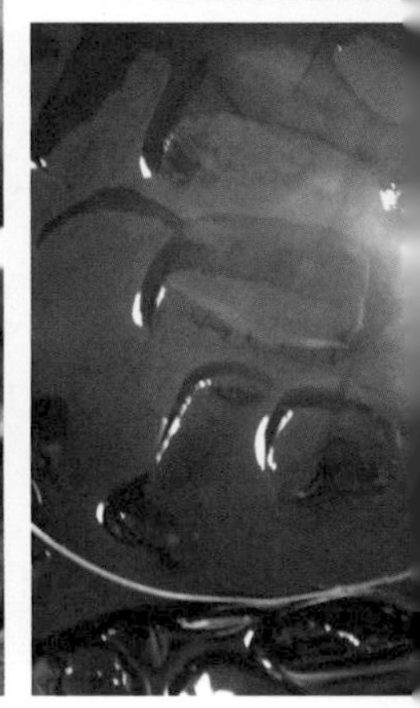

白飯加味

更高」，切勿因小失大，不健康的身體讓你終身漏財。

白飯免費升等

顧客可以在結帳後，舀一瓢湯汁澆在飯上，老闆通常不會介意這一點湯水（怕被白眼可先詢問），提供滷肉、滷蛋的店家更有一鍋肉香四溢的常備滷汁，幸運者還有機會撈得一點肉渣或破碎的滷蛋蛋白，光是肉湯拌飯就能連嗑好幾碗。若不想被人指指點點，個人建議消費金額最好超過50元，是否存心佔人便宜，旁人看在眼裡，小民都是內心坦蕩地為我的白飯淋上肉汁！

這些好康老闆不會特別講，自助餐的常客心知肚明，醬汁讓飯菜更添美味，顧慮熱量的人可改淋菜湯。

湯飲自助吧

自助餐店普遍備有湯飲供顧客自行取用，小民常去的那家不僅有鹹湯、冷飲，還備有熱甜湯，太晚報到只能對空鍋嘆息，熱門的不得了！先喝湯墊墊胃能有效增加飽足感，熱湯下肚便有兩分飽，湯料配飯畢竟有限，

截角使用期限：無，此屬常態性優惠

道德上也有瑕疵，倘若人人如此，不消十位顧客便能掏空整大湯桶的料，我覺得還是得爲他人著想，相信你我都喝過空無一物的湯。如果是黃豆芽、冬瓜、蘿蔔之類的湯，還有機會撈到熬湯的肉骨或雞翅，適合不在乎吃相的人。對小民而言，取用這些湯飲是爲了省下餐後的飲料費，而非一種變相的剝削，店家好心提供福利，消費者也該將心比心。

遲到別有用心

不在乎自己最愛的菜被夾光的人，可以晚於用餐時間報到，菜餚零零散散地躺在鐵盤，很像清倉特賣的零碼商品，樣數不多、沒得選，價格通常很令人欣慰。接近打烊時刻外加老闆佛心來著，還有可能獲得免費剩菜，連下一頓的餐費都省下，端看你有無急迫的省錢需求、敢不敢開口詢問要求。準時前往自助餐嫌價格不夠殺，太晚又擔心老闆已在收拾打掃，熟悉店家的作息時間顯得十分重要。（※並非每間自助餐皆有此晚到優待）

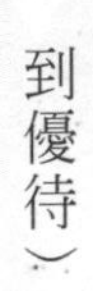

紅燒抑或快炒類，
無肉仍然有滋有味。

燴飯滋味，
仰賴搭配。

✣突發奇想得來速

小民有時候會故意夾雙倍份量的麻婆豆腐或紅燒茄子，倒扣一碗白飯便成了燴飯，再搭配一樣青菜或水果更是營養滿點，這種吃法無形中讓你省下一道菜、一樣肉類，價位略低於便利商店的微波便當，現煮鮮食還更均衡健康，不需搭配指定飲品折抵⑤元，店裡直接提供免費湯飲！別小看一天飲料少花⑳～㉚元，一個月累積也省了近五〇〇！勇於創新的人，可以嚐試不同的菜色創造新品，味道濃郁的菜餚應該都很適合。

雙份主菜變出的五更腸旺飯、梅干扣肉飯等等的燴飯價格偏高，想積極省錢、變化口味的小民喜歡開發「無肉」的組合，番茄炒蛋、九層塔炒海帶捲皆是值得一試的新選擇。

泰式椒麻雞首重「酥脆薄」，現代人沒那個閒功夫爲了區區一隻雞腿大費周章，光想到備料過程就頭皮發麻，何況家中的鍋爐設備也炸不出那樣黃澄脆酥的外皮，不要緊，遇到問題解決問題！小民從不放棄吃的理想，去自助餐挑選一支頂層的金黃炸雞腿或雞排（順便請老闆剁一下），夾幾樣合意的配菜，再來碗白飯外帶回家，注重情調的人可將飯菜擺放在圓形大瓷盤稍做擺盤，更甚者再搭配幾片檸檬、高麗菜絲鋪底，整體會更接近簡餐店的水平，此時萬菜俱備只欠醬料，調配好酸辣魚露醬淋在雞腿上，輕輕鬆鬆變出滋味不輸簡餐，價格只有一半的簡易泰式風味餐！

現成的滷豬腳、排骨、秋刀魚、泡菜豬肉、黑胡椒牛柳……等等族繁不及備載，經幾道手續與巧思組合，搖身一變成了豬腳麵線、排骨麵、鹽燒秋刀魚套餐、各式豬牛丼飯！牛柳加蒸蛋等於牛肉滑蛋，豬排淋咖哩等於咖哩豬排飯，變化不勝枚舉（此等陽春的偷吃步作法，不適合太講究的人），總之容易的

在三菜一飯、

四菜一飯之外

的其他可能。

你準備、麻煩的交給自助餐，自助餐激發想像、提供你DIY的樂趣，居家料理不須受限於廚藝與廚具，父母們安撫吵著要上餐館的小孩快速又容易！

近年民生物資漲聲不斷，自助餐平均一餐價位約㊿～一○○元之間，一個麵包、一份鍋貼、一碗陽春麵……的確都比自助餐吃一頓便宜，若進一步將餐點內容物拆解來看：午晚餐長期只吃麵包、鍋貼果腹後果將不堪設想，若要在麵攤吃到青菜、豆魚蛋肉類外還附加湯飲，金額肯定百元以上，比價前先思索商品價值，三餐換換口味當然在所難免，自助餐、快餐自由配的便當店真的是「最『實惠耐吃』的『均衡』外食」。（瞞天喊價的不良商家不在討論範圍內）

小民前篇提及的挑選方式、省錢密技皆能幫你把關衛生、看緊荷包，但還要搭配飲食常識輔助，四肉一飯的吃法根本有礙健康。健康有健康的規矩，小民試著把這些條件簡單化，這樣才方便記憶，看完可能驚覺父母煮菜方式不對、自家餐桌上的菜肉比例失衡、原來食物的顏色另有學問……等等，然後也會覺得自助餐很是難能可貴。

翠韮煸豆干

清炒高麗

乾煎海魚

以上是自助餐的菜餚寫真
不過換個器皿（購於鶯歌，價格非常親民）盛放
再取一些略帶詩意的菜名
攝影以夕陽餘暉點綴，便有幾分山居食堂的質樸高雅
毋庸置疑人要衣裝、菜要盤裝呀！

三味蛋

醬味粗豆腐

第三章

吃好不如吃巧。

誰說便宜沒好貨？高檔的食材偏頗攝取也難以健康，關鍵在於「均衡」與否。小民將粗淺的飲食常識去蕪存菁、加以彙整，平日三餐好好貫徹，大餐留給聚會放縱。

健康一點訣，說破趕快學

食物不僅只是維持正常生理運作，食物的滋味還具有愉悅身心、一掃憂鬱的心靈撫慰功效，想想那些軟管填裝、形似嬰幼兒副食品卻又營養均衡的太空食物，沒有離開地球我是不會吃的……有時早上上班莫名浮躁，午餐往往能有效斷開不悅的情緒連結，我常用午飯自我療癒，飯後心情果然好轉不少（若再搭配午睡效果更好）。

根據調查，我們每天做的食物選擇，從清早起床累計到入睡前，竟然超過兩百個！如果有人說你：「滿腦子只知道吃！」不用難過，嘲笑你的人他自己也是，小民每到下午便會想：「泡茶還是沖咖啡、冷的還是熱的、要不要加牛奶……」等等，光沖泡飲料這件事，接二連三自問自答了好幾題，我們無時無刻都在爲「吃」做決定。現代人重口慾，常爲美味傷神與被蒙蔽，現代人都很忙，要他回想今天吃了哪些東西還眞不易，「黑白吃」儼然成爲新國民運動。

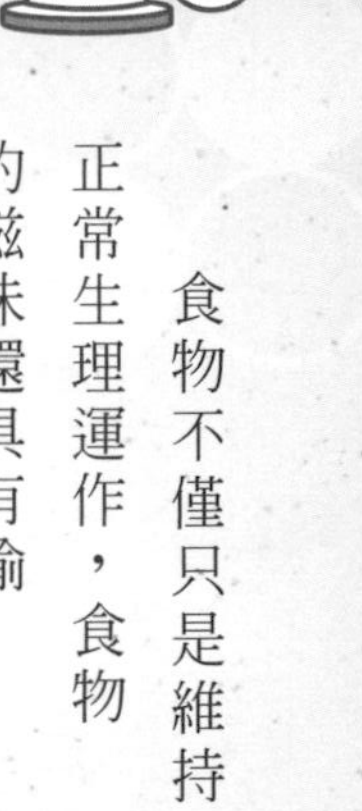

✣食話食說

衛生署提供最基本的數據，每個人針對自己的年齡、勞動量、體質做彈性調整，至少具備一點基本概念，身體健康的人才會嫌麻煩，有些慢性病患者從前也是這麼想，無奈現在為了保命，食物全需秤重計算，份量正確方可食用……

份量估計[11]很簡單

大家對全穀雜糧類一碗、豆魚蛋肉類一份、乳製品一杯、蔬菜一碗、水果一份、油脂一匙的份量不甚清楚，雙手萬能、拳頭和手掌就是隨身攜帶最便利的度量衡，除了豆魚蛋肉類一份等於半個手掌、蔬菜（煮熟）兩份等於一拳、油脂以茶匙為單位，其餘種類一份的量都與一個拳頭大小差不多，現代人油脂攝取普遍過多，大概唯有堅果可以額外適量補充。

11 在此提供的是最簡易而粗略的方法，詳情可見國民健康署。

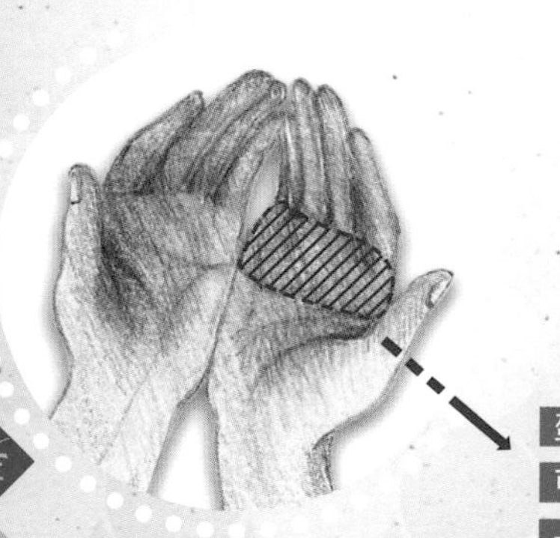

蛋白質一份只有半個手掌大這麼少
可推測一個茶葉蛋即是一份蛋白質
一客牛排已過量！

衛生署提供國人的資訊不再是僵化的份量，根據個人活動量與體重綜合評估、量身打造，快來看看自己落在哪一區間吧！

每天活動量	體重過輕者所需熱量	體重正常者所需熱量	體重過重或肥胖者所需熱量
輕度工作	35 大卡 x 目前體重（公斤）	30 大卡 x 目前體重（公斤）	20～25 大卡 x 目前體重（公斤）
中度工作	40 大卡 x 目前體重（公斤）	35 大卡 x 目前體重（公斤）	30 大卡 x 目前體重（公斤）
重度工作	45 大卡 x 目前體重（公斤）	40 大卡 x 目前體重（公斤）	35 大卡 x 目前體重（公斤）

每日六大類食物建議量	1200 大卡	1400 大卡	1600 大卡	1800 大卡	2000 大卡	2200 大卡	2400 大卡	2600 大卡	2800 大卡
全穀雜糧類（碗）	1.5	2	2.5	3	3	3.5	3.8	4	4.5
豆魚蛋肉類（份）	3	4	4.5	5	6	6	7	8	8
乳品類（杯）	1.5	1.5	1.5	1.5	1.5	1.5	1.5	2	2
蔬菜類（碗）	1.5（3 份）	1.5（3 份）	1.5（3 份）	1.5（3 份）	2（4 份）	2（4 份）	2.5（5 份）	2.5（5 份）	2.5（5 份）
水果類（份）	2	2	2	2	3	3.5	4	4	4
油質與堅果種子類（茶匙）	4	4	5	5	6	6	6	7	8

※ 蔬菜一份半碗

花樣越多越會胖——全穀雜糧類

減肥議題永不退燒，愛美人士紛紛拒澱粉於千里之外，澱粉屬於六大類食物之一，可以降低攝取比例，完全禁吃有點偏激，關鍵在於「種類」，加工越少、越保有食物原形的澱粉越優質。懂得迎合大眾養生取向的自助餐竟也改良推出混有糙米的白飯（口感較好）、或摻有黃豆等豆類或穀類混煮的雜糧飯，比例掌握得宜、口感Q軟，小民每去必吃！

全穀雜糧類一份二〇〇公克剛好是「吃喜酒用的小碗」、「自助餐的小紙碗」平裝滿一碗（飯量還真只有拳頭大），把飯壓的緊密結實可就過量，家裡的碗原來過大。芋頭、馬鈴薯、南瓜、地瓜、玉米……屬於全穀雜糧類，吃多就要減少飯量。白飯、白麵雖不及全穀物高纖營養，但總好過加糖又加油的麵包、糕點、零食，很多人午晚餐拒碰澱粉，下午或睡前耐不住飢餓以餅乾充飢，這不是本末倒置嗎？

碗的通用規格使我們對於澱粉一份的分量總是多估

宵夜乾這杯——乳品類

奶類一份二四〇毫升，每日建議一到兩份，最多也不能超過寶特瓶（六〇〇毫升）八分滿的份量，不需特殊的口訣，「一日二奶」聽來有點粗俗但是非常好記，起司是濃縮的牛奶，吃一片起司，奶類攝取就要減半。外食熱量容易爆卡，奶類以無調味為佳，優酪乳普遍過甜，好在還有其他低糖、無糖的選擇。牛奶、起司天天吃無妨，但是焗烤、乳酪蛋糕適合偶爾品嚐，它們還另外複合油脂、澱粉或糖，高熱量必須節制份量。半夜饑餓難耐可以喝杯溫牛奶，助眠、低卡又有飽足感，泡麵可是下下之選。

別把手指偷算進去——豆魚蛋肉類

三〇公克的肉類、一顆雞蛋、半盒嫩豆腐、一盎司的牛排等於一份，一份和半個手掌差不多，不用懷疑、別把手指偷算進去，份量真的僅僅如此，由此可知比臉大的炸雞排已遠遠過量，美食當前沒人會多加思索，至少口慾放肆後要少吃肉、多吃蔬果平衡補救！

乳糖不耐者可喝優酪乳、吃優格替代

蛋白質食物的名稱已更新為「豆魚蛋肉類」，將黃豆排第一就是希望民眾增加植物性蛋白質的攝取，豆漿是外食族最方便的補充。蛋白質的來源不只有肉類，還有黃豆製品、雞蛋與海鮮，這句話聽來像廢話，但落實的民眾不多，三餐無肉不歡的肉食男女，不僅蛋白質幾乎全仰賴動物性，還有過量的嫌疑……動手記錄一周所吃的食物吧！相信多數的人會驚覺原來自己是跟著口慾走。

還你漂漂拳——蔬菜類

煮熟的蔬菜一份一〇〇公克（約半碗），兩份熟蔬菜和拳頭大小不相上下，每日建議攝取一・五～二・五拳（即三～五份），小民為自己四捨五入加碼為二～三拳，「蔬菜拳」能打掉絕大多數腸胃疾病，蔬菜大量的纖維增加飽足感、協助腸道清掃食物殘渣、排淨毒素。胃腸不好、人老的早，多吃青菜是由內調理最根本又省錢的養生兼美容之道。與其購買標榜充滿膳食纖維的食品或飲料，不如來份青菜還更天然有效！

吃多會癡肥——水果

蔬果、蔬果、蔬果，蔬菜從來不等於水果，蔬菜的地位絕非水果可以取代，小民覺得水果是「昂貴的零食、便宜的甜點」，卻比零食、甜點優質，水果高纖多汁但含有糖份，沒限制地吃，身材一樣會橫向擴張外加代謝出狀況；相反的，多吃蔬菜不發胖、排便只會更順暢！水果每日建議吃二～四份，雖說拳頭大小約一份，但水果的甜度隨著種類不同而有極大落差，高糖分的想當然耳要更節制；再者，果乾[12]也不等於水果喔！

水果的吃法也很重要，清洗後直接食用為佳，切片的柳丁比榨汁更好，兩顆柳丁吃下去有點飽，八顆柳丁榨成的柳丁汁，隨便幾口就喝掉，少了纖維又多了四倍的熱量！

老外請漏油——油脂

「健康加油、外食漏油！」油脂一匙五公克，現代人普遍過量不太需額外補充，最欠缺蔬菜、水果和植物性蛋白質。少吃炸物、

12 製作果乾的過程會造成營養素流失，就算自製的果乾不加糖、鹽等額外添加物，乾燥後的水果體積大幅縮水，極易食用過量，還是老話一句：天然的原型食物最好。

和風醬取代千島醬與美乃滋、醬油替代沙茶……等等，皆是爲了避免吃的太油、蘸的太油，看似乾爽的糕餅、小巧的火鍋料、部分再製品、添加奶精的飲料可都隱含豐富油量，生活處處充滿有形無形的油脂陷阱。

自助餐、快餐店、速食等店爲節省時間，多用炸的方式取代耗時的煎……外食族還需要什麼口訣嗎？「油遠不嫌少」！愛美的民眾則需建立「油也是營養素」的觀念，攝取好油而非全面拒油，堅果類富含不飽和脂肪酸，是方便取得的優良補充。

小民詢問媽媽家中煮飯情形，她說：「炸完肉類或可樂餅會剩下一大碗公的油，不可能倒掉，本來就會再做炒菜、煎魚之用，重複使用兩、三次很正常。」油品最怕「反覆」加熱，回鍋兩次是回鍋油，回鍋五十次也叫回鍋油……

自助餐一日的烹煮量大，炸完炸物的油拿來炒，消耗的速度非常快，比較不用擔心油品低劣的問題，油條、炸雞排、鹹酥雞、薯條這類食物比較值得憂慮。（本來就使用劣油的業者不在討論範圍內）

冷盤就是要蘸沙拉醬才夠味！攝取量控制得宜，在我的字典裡沒有禁吃

✣多的是，你不知道的事

注重養生的民眾有福了，小民買一送一大方送！不只告訴你自助餐大小事，還蒐羅統整各方資訊，附贈許多飲食訣竅，兩者搭配使用功力大增，外食吃的更健康窈窕，看到算你賺到！「什麼都可吃，重點是份量有節制」，小民非聖賢所以不唱高調，零嘴真的很撫慰人心，食品礙於保存與賣相，比食物多了許多千奇百怪的添加，近年興起以「食物取代食品」的概念的確值得推廣；但食物也不全然令人放心，肉有抗生素、菜有農藥殘留，再者，大氣與水是連通的循環系統，所謂的零污染、有機該如何定義？追求有機而多花的金錢買到的是安心還是安慰劑？總不能因噎廢食吧？毒素分散攝取以防某個器官提早衰竭就是我看破世事的中心思想。（還真消極）

吃飯不能三缺一

少吃一餐無法減肥外加省錢（特殊食療者不在討論範圍內），日本相撲為了快速增

重，不僅食量大幅增加，還刻意拆成兩頓！小民說：「不吃早餐、早晨沒勁，不吃中餐、下午無力，不吃晚餐、睡前餓得要命！」你可以更改三餐份量和六大類食物攝取的比例，少吃的剝奪感會形成身心壓力，壓抑的食慾如同不定時炸彈，會在未來的某天引爆，修復身體的代價已非金錢可以衡量。

想輕盈？沒問題！把晚餐少吃的半碗飯改以青菜或豆魚蛋肉類替代，或者循序漸進遞減食量，自助餐⑨⓪元的份量在半年內慢慢降到⑥⑤元。俗話說：「早餐吃的像皇帝，午餐吃的像平民，晚餐吃的像乞丐。」早餐最重要卻最常被睡掉或亂吃帶過，想瘦身、想充滿活力地開啓每一天非仰賴早餐充電不可！早點種類五花八門，貫徹少油低鈉、高蛋白（植物性蛋白爲佳）、七分飽的原則便能做出抉擇；中午開會意外吃進太多披薩怎麼辦？晚餐還是照常，但請認命地當隻草食動物！

眼睛決定飢餓度

吃多少裝多少？大錯特錯！民間俚語「嘴飽目睭（眼睛）餓」其來有自！根據國外實驗結果，發現絕大多數的人（幾乎是全人類）「裝多少、吃多少！」寬厚馬克杯所裝的飲料比細長高腳杯平均多三〇%，大包裝的食物讓人不自覺多吃二〇～三〇%，玻璃罐裝的糖果消耗的速度比不透明罐裝的快……得到一個令人欣喜、執行又不費力氣的結論：是時候加大你的沙拉碗、盛菜碟、裝水杯！飲料改用細瘦的杯子裝、用小巧的飯碗盛飯、裝肉，零食改買小包裝或用不透明夾鏈袋分裝，天然食物就多放在顯眼處吧！改變餐具、更換容器就能無痛扭轉飲食習慣。

舉例來說，小民發現自己自助餐內用吃的比外帶多，原因在於餐盤和餐盒的差別，餐盒容量有限，而空間開放的餐盤，菜則可以一直往上疊，餐盤擺放四樣菜的視覺效果會讓我想再夾一顆滷蛋填滿，沒隔間的餐盒裝三樣菜看起來就有七分滿，更神奇的是，吃完也不覺得空虛，因爲食量增減二〇％是腸胃無法察覺的範圍，多吃不撐、少吃不餓，有心減肥的人還不趕快記下來！

腸胃的心聲

絕大多數華人習慣飯後喝湯、吃水果，眞正利於健康的進食順序是：①熱湯→②青菜→③豆魚蛋肉類→④五穀類，各類食物消化順序各不相同，把握清淡、高纖維優先食用的原則，先喝碗熱湯或淡熱茶，讓胃暖身、準備開工，再來就是高纖的蔬

前往胃的路上！

熱湯、蔬菜、豆魚蛋肉類、五穀類

菜，豐富的纖維讓你累積飽的感覺，接著吃下豆魚蛋肉類，遇見蛋白質胃酸才會登場，飯麵壓軸享用……以上論述其實過於理想化，中式料理不像西式餐點分明獨立，沙拉是沙拉、牛排是牛排，只吃菜太鹹，光吃白飯令人食不下嚥，權宜之計：先喝湯、吃菜配飯，最後吃肉配飯。

即使到麵攤消費，我也會先點蛋花湯、然後吃燙青菜、配點豆干或滷蛋等類拼盤，最後才吃乾麵。本人吃牛肉麵的方式更是異於常人：湯先喝去半碗以上（已半飽）、再來吃麵裡的小白菜和牛肉、加碼灑上蔥花或酸菜拌麵同吃。慎用胃腸，這點小改變不算強人所難，我已從中找到趣味（被美食家唾棄）。吃水餃也是先喝碗湯墊胃，還沒走火人魔到將水餃皮、餡拆開吃的地步就是了。

水果該餐前還餐後？這依個人體質而定，

最好的食用時段是餐與餐之間的空檔，適時止飢、對健康又有裨益。飲食順序是為了配合消化系統的作業習慣，盡量不讓食物滯留太久加重腸胃負擔，器官也很人性化，不是率先抵達就優先處理，而是「誰好消化就先消化誰」，耗時的就暫擱一旁，被擱置的食物可是會變質酸敗。

自然就是美

熱量和身體的互動很複雜，不像金錢和帳戶彼此間存入取出的關係那般單純，舉例來說：三〇〇大卡的菜豆和三〇〇大卡的洋芋片熱量相同，精密的人體可不這麼認定，豆類含有豐富的蛋白質和纖維，輾轉經過多道手續，養份才被徹底吸收利用，身體消化菜豆所耗的能量比洋芋片多，菜豆最終之於人體的熱量比洋芋片少，而菜豆整體的營養價值也遠勝於洋芋片。

水煮的食物像素顏的女人，簡單烹調如同替它畫上淡妝，依舊貼近原貌但變得更加動人，過份加工調味的食物好比濃妝艷抹的人，見識它真實的模樣便不再存有幻想……

自然就是美也適用於食物挑選，自助餐為了省時省工，通常只有一、兩道料理手續，這樣反而符合健康。

中心思想最重要

「份量均衡」、「食物自然」就是最簡單的健康指南，把握這個要點應該很難胖到哪去，即使減肥也不能瘋狂求低卡，熱量不足反而使身體出現警訊，以為飢荒來臨自動降低基礎代謝率好度過糧食不足的危機，身體想的和我們想的很不一樣，不要被表面的熱量數字欺騙，食物越精緻、加工越多就越向食品靠近。個人不鼓勵盲目地為求減肥而貿然斷食，減去的是肌肉、復胖回來的是肥油，和食慾對抗的結果就是吃更多，中等的身材反而越減越肥。

飢餓是正常的生理機制，拿掉不吃的想法，用「該吃什麼」的念頭取代，何需發誓再也不碰甜點？可以水果部份替代，從減量做起；平日少搭電梯、多爬樓梯、多步行，日常生活所消耗的熱量更甚週末晨跑十圈操場，雖然有人說勞動不是運動，但總好過一動也不動！積沙成塔的力量驚人，一切仰賴「持之以恆」，千萬別和自己過不去，慢慢改變才不會有痛苦的感覺，話說回來你也不是一夜醒來就多了五公斤。小民也跟爸爸說：「五花肉可以吃，爲了你已用了六十幾年的身體著想，一個禮拜一次就好。」有自覺地食飲便無須禁斷，且能兼得快樂與健康喔！

午餐吃麵包充飢，所以晚餐豆魚蛋肉類 3 份、蔬菜 4 份好平衡一下（中餐澱粉過多，這頓刻意不吃飯）

餐盤若繽紛，人生是彩色

餐盤若是調色盤，食物想必是顏料，肉類不外乎紅肉、白肉，蔬果目不暇給的色澤源自於「植化素[13]」，重要性不亞於耳熟能詳的維生素、礦物質和纖維素，之於人體可活化免疫機能、調節改善免疫力、治療預防慢性疾病等等療效族繁不及備載，植化素是另一個仍待探索的大千世界，小民不是專家，餐盤儘管色彩繽紛就對了。

✣食分好色！

西醫將理論配合「紅、黃、綠、黑（紫）、白」五色，介紹各種營養素的作用，中醫則把五行「火、土、木、水、金」帶入「心、脾、肝、腎、肺」五臟器，產生一套養生見解。原來顏色和食物成分互有關聯，一個人偏不偏食、日後健康狀況，從他的餐盤可瞧出端倪，自助餐提供您最多用色選擇。

13全稱為植物化學素（phytochemicals），不同植化素構成植物不同的色彩、氣味與對抗劣境的能力，不僅維持植物生命，還肩負生殖、免疫的使命。

紅色給你好臉色——心

紅色讓你想到什麼？熱情、愛心、血液……這些聯想和紅色蔬果很有關係，紅色蔬果含有幫助造血的鐵質以及維生素A、胡蘿蔔素和茄紅素或辣椒素等抗氧化成分，紅蘿蔔、蕃茄是最佳代表，多吃有助於血管維持彈性，血液循環良好，自然擁有戀愛般的紅潤臉色！和中醫「紅色養心」的看法不謀而合，鮮豔的色彩刺激視覺、誘發食慾，紅蘿蔔炒蛋、蕃茄炒蛋都是自助餐深具代表性的菜餚，小民非常樂意多多益善。

橘紅、茄紅、莓紅、桃紅、椒紅……
顏色冠上食物的名稱也變得夢幻起來

黃色補氣顧身形——脾

全穀雜糧類、豆類、粗糧、薑、鳳梨等黃橙色的蔬果都屬於黃色食物，含有維生素C、D和胡蘿蔔素。黃豆又稱「植物肉」，它豐富的植物性蛋白質和不飽和脂肪酸，可有效降低血脂，自助餐隨處可見黃豆製品的蹤跡。

主食也屬於黃色食物，黃色不僅養脾，中醫認爲「脾爲後天之本，主管身體的消化、代謝功能」，怕胖而拒吃飯、麵無疑壞了脾氣、虛了身體，減肥無益，應是「份量不失控、挑選種類吃」而非拒吃，粗糙的五穀最能養好脾氣，脾氣好，身體自然讓你心想事成！

綠色高纖排毒害——肝

顏色越墨綠，有益肝臟健康的葉綠素、維生素、礦物質越豐富，故有「綠色養肝」一說。自助餐逢低買進當季盛產，符合時令農藥低噴灑且品質優良，中醫認爲身強體健的青菜更能裨益身體！人類的腸胃似乎傾向草食動物，肉若吃多遲早出人命，菜若吃多頂多令人瘦[14]。

肝若好，人生是彩色的，自助餐供應的青菜料理最爲划算、應有盡有（你想不到的它也有），常常熬夜爆肝的工作者和年輕人，若想活得璀璨亮麗，可要加強綠色蔬菜的攝取。

14 台灣人八十七%蔬果攝取嚴重不足，小民才會出此豪語！凡事還是適可而止，若無補充更多水份和油脂，蔬菜過量極易導致便秘。

黑•色•多•吃•不•顯•老——腎•

黑色食物大致分兩種黑：紫藍（紫黑）、深咖啡，前者比後者多了強效抗氧化劑——花青素，具有養顏美容、強化免疫力、抗腫瘤等神奇療效，小民簡直想把茄子當飯吃、藍莓汁當水喝（開玩笑）！自助餐最常見的紫色便是茄子，偶有涼拌的紫甘藍，深咖啡色食物普遍很多：紫菜湯、海帶捲、海帶絲、木耳、香菇等，出現相當頻繁。

多數黑色食物具抗氧化功效，且有一般五穀與蔬果缺乏的鋅、錳、碘、硒等微量元素，中醫說「黑色養腎」，這些稀少成分能增進腎臟的過濾功能，腎主宰骨骼生長和生殖，腎若顧的好，人高馬大嚇嚇叫（真像賣藥郎中）！

白色潤澤重修護——肺

白色瓜果普遍多汁或含有豐富的水溶性纖維，冬瓜、白蘿蔔、豆薯、大白菜都是清爽多汁的蔬菜，筍類、蓮藕皆高纖促排便，富含蛋白質的豆、奶、魚類也屬於白色食物，協助細胞修復和骨骼發育，發育期的青少年更需多加攝取。

中醫認爲白色食物益氣行氣，便有「白色養肺」之說，不單僅限於肺這個器官，還包含體外防禦力、體內免疫力、水分代謝、呼吸道功能等等，所以皮膚、毛髮、鼻腔、咽喉、氣管等都屬「肺」的範疇，小民只是淺談便頭昏腦花，深究下去勢必得花一輩子的功夫！

眼前的黑不是黑、你說的白是什麼白～

黑中帶紫又或者白中帶黃，也有人將蘋果、米飯歸類於白色食物

各色食物都吃，比釐清顏色的歸屬重要

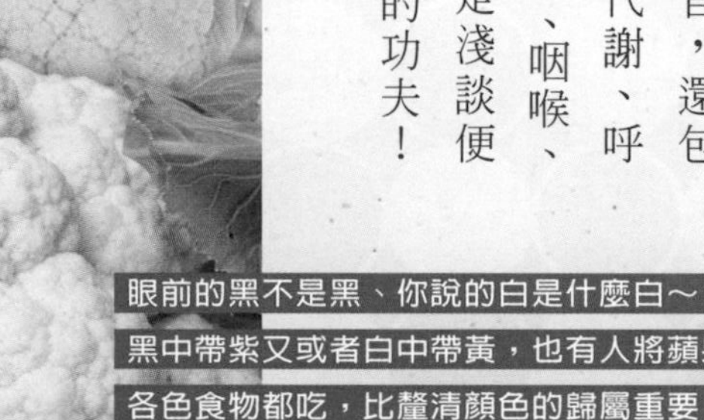

✣食食尅尅要留意

臟器好比工具，使用方法錯誤，日也操，眠也操，外貌是二、三十幾歲的小夥子，身體的年齡卻多了一、二十，中醫提出的食物相尅並非迷信，配合現代醫學研究得到多方證明，相尅分小尅、大尅，食物成分互相抵銷算是輕微，引起腸胃不適、過敏、形成結石就有點嚴重。

到自助餐用餐，營養均衡與否取決於自己的選擇，餐餐口慾為導向的飲食方式與慢性疾病十分靠近，小民綜觀飲食禁忌（農民曆記錄頗詳盡），挑出和自助餐較相關的幾項分享，平時守規矩，縱慾留給大餐！

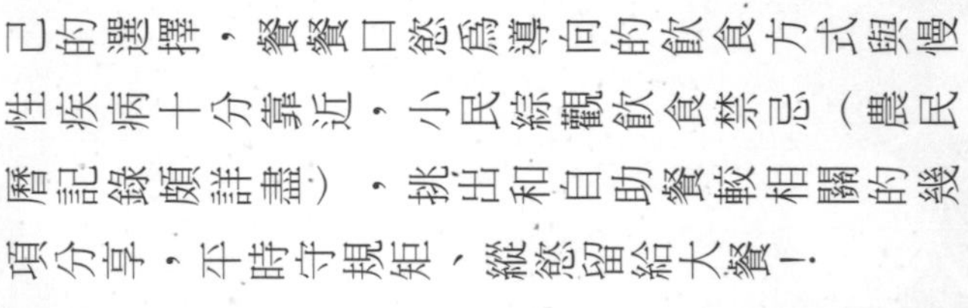

排骨、香腸雖然肉出同源，兩樣都吃，一餐的肉類攝取就過量

多肉多磨胃

家禽、家畜、海鮮的蛋白質不盡相同，胃所分泌的消化液都不一樣，混著吃無疑增加腸胃工作量，西餐常見的牛豬雙拼、海陸大餐，有雞有鴨又有臘肉的港式

三寶飯，海鮮、肉片一起煮的總匯鍋……等等，腸胃較弱的人便會消化不良。自助餐的選擇多元，面對琳瑯滿目的主菜更要有這個觀念：每餐肉類維持同一種類。個人覺得壓力最最傷胃，工作壓力逃不了，只能盡量調整心態、用最低耗損的方式善用胃，若為紓壓又菸又酒，對胃而言無疑是雙重傷害！

變質的蛋白質

水果的果酸會使蛋白質凝固成塊而變得不好消化，有人甚至因而拉肚子，胃腸虛弱的人，餐前或餐後一小時再吃水果。茶飲也是，茶葉中的單寧酸、鞣酸易與蛋白質結合，變成不好吸收的單寧酸蛋白和鞣酸蛋白，使得腸道蠕動緩慢，纖維若是攝取不足即易便秘，茶類不適合和高蛋白、高鐵的食物一起食用，隨處可見的茶葉蛋、鮮奶茶原來是經典的錯誤示範。

我要結實不要結石？

常言道菠菜和豆腐一起吃會造成結石，草酸含量高

烹飪手續一、兩道，減法精神保留食物更多營養成分。

早晨的生鮮化為午、晚的盤中飧

時令食材讓料理活力飽滿

的菠菜只是易和鈣質形成「草酸鈣」，兩者在腸道形成腸結石並隨糞便排出體外，不會滯留體內，也不見得會進入泌尿系統產生結石症，過去對波菜的誤解真深！青江菜、空心菜、四季豆、竹筍、蔥……等等皆是高草酸的蔬菜，涼拌豆腐灑蔥花的危險程度和波菜豆腐不相上下？「體質才是關鍵」，多喝水沒事、沒事多喝水！天生容易結石的人更要加強水分補給，並和高草酸的蔬菜保持距離。

東疼疼、西痛痛

豆瓣吳郭魚是經典台菜，在自助餐遇見的機率四〇%左右，常會加上薑絲去腥提味，吳郭魚和豆瓣都是高普林食物，尿酸高和痛風的病患請斟酌。不只動物內臟、海鮮高普林，豆類、蘆筍、菇類、高蛋白的食物、肉湯、火鍋鍋底皆不惶多讓……

普林無所不在，不只痛風和結石深受體質影響，食物過敏也是因人而異，自己的身體狀況唯有自己明瞭，哪些食物之於哪些體質該特別忌口，小民便不再贅述，無怪乎古人云：能吃就是福。

天助自助！

隨著原物料上漲，民生物資讓人十分有感，稍不留意伙食費，還眞有被自己吃垮的可能，要便宜也要健康美味，此時此刻更能體會自助餐的難能可貴，社會走向M型，貧富差距日益加劇，自助餐實惠的價格始終照顧最多人。

自助餐是非常平民的東西，便宜不代表粗俗，肉剁得有小有大、菜切得參差不齊……不講究但很是親切，沒有過多的修飾，眞實樣貌毫無矯作如實呈現，這樣樸實的料理讓客人吃到「家」的溫馨。不需刻意美化或包裝自助餐，食物簡單烹煮的模樣新鮮自然、熱氣騰騰，便足以牽引食慾、使人胃口大開。

✣抵抗M型，健康做起

環境變遷和職場競爭越來越激烈，環保需要全民動手，加薪升等則非我們所能全面掌控，工作或多或少會犧牲生活，唯有健康操之在己，健康像是「一」，少了它當起頭，尾數再多零亦徒

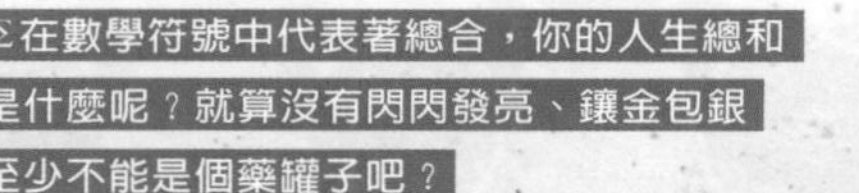

Σ在數學符號中代表著總合，你的人生總和是什麼呢？就算沒有閃閃發亮、鑲金包銀至少不能是個藥罐子吧？

M型社會掙扎奮鬥 也要顧好健康！

（力爭上游貌）

勞無功，雖說活著才是贏家，但也要維持健康才能在人生舞台游刃有餘……加班者和兼差者也明白自己工時過長，分寸自在人心但現實總有許多不得已，好好吃三餐大概是對身體最後的慈悲。

plus! 小民老實說

營養學已發展到百家爭鳴的地步，牛奶是毒藥？早餐不吃更健康？生酮飲食？斷食？等等的相關著作讓人無所適從。曾被汙名化的膽固醇，近年也有為其平反的研究，到底哪一說法可信？真相似乎會不斷被推翻，所謂的真相也可能因人而異，到頭來還是「適合」自己最重要！均衡不偏頗、多吃「原型」食物、少吃加工食品，以上兩點就是我個人信奉遵守的教條（講到嘴破），每個人的身體都是獨一無二的個體，你也該內建屬於自己的飲食原則。

✣超平價美學

盛飯、夾菜是一門生活藝術，和個人美感及個性有關，有人配的菜餚看來特別可口，有的則極其普通。均衡夾取各類食物，餐盤就有繽紛的色彩，然後放的整齊、排的滿滿，此即是自助餐最任真的擺盤。

怎麼看待決定怎麼自在，自助餐也可以吃的很有情調（心情不錯的話），高麗菜、蒸蛋、外加鱈魚一塊，看起來白白淨淨、十分清爽，這便是用色素雅的「古典派」。可以來點茄子或夾些涼拌小黃瓜，以重色畫龍點睛、點綴餐盤，整頓飯吃起來更加開胃精采。小民認爲自己很有當文人的潛力（自我感覺良好作祟），不只有古典吃法，還有另外一派：花椰菜、蘿蔔炒蛋以外，再來隻滷雞腿和辣味小菜，餐盒內大量的黃色、綠色和紅色，如同用色大膽的「野獸派」，刺激視覺也增進食慾，吃得飽飽讓你全身充滿活力，迎接下午繁忙的工作和會議。

我沒有刻意美化自助餐，以上純屬個人隨遇而安的隨筆創作，不是有句話叫「境隨心念轉」嗎？有的人即便吃穿用比別人高檔，對生活的滿意度仍舊低下，你當然可以說小

市井小民、飲食男女，肉類排山倒海、菜類層巒疊翠（假文青示範句）

民的想法很窮酸或很阿Q，我覺得人事物的價值最終回歸於個人喜歡與否（雖然市場與社會常以金錢作衡量標準），某特定人、事、物重複N遍也不感厭倦就算「喜歡」了吧？而我一周報到自助餐三次以上！

真正的樂活大概是從既有的生活圈，找出那些讓你樂於重複的重複。

像小民一樣阿Q正向，面對平凡的雞腿便當仍能吟詩作對一番

第四章

開講頭家來。

身爲自助餐常客，前面談的大多屬於消費者的看法，老闆們心裡怎麼想？當初爲何選此經營？二話不說立刻採訪，分享從業者對本職的觀感和經驗談，也更能深入了解自助餐的眞實狀況。

我的字典裡沒有放假

「沒有好體力，請勿經營自助餐！」我連煮水餃都嫌麻煩，五、六十道菜餚、飲料、湯飯全包辦鐵定忙到翻，為了讓店家專心做生意，下午兩、三點或晚上八點後訪談，老闆其餘時間忙於備餐、結帳、招呼客人，要不就收拾打掃，待辦事項永遠大排長龍，菜色量少樣多又要不定期輪替更換，比麵攤和快餐店辛苦麻煩，詢問他們做得累不累？沒一個說輕鬆，「習慣了就好」是最常給的答覆。

✣朝六晚九不得閒

碰巧陳姓友人家中經營自助餐，小民這段期間常常上門叨擾，陳爸爸一家人和藹親切，不僅犧牲午休時間接受訪談，還讓我們參觀廚房、身兼市場導覽，飯菜味好料實在，深受學生和上班族喜愛，我對九層塔炒蛤蜊始終難以忘懷。

7點

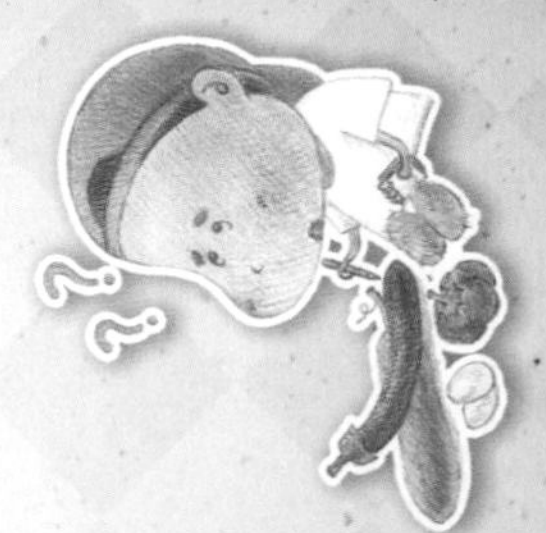

11點半

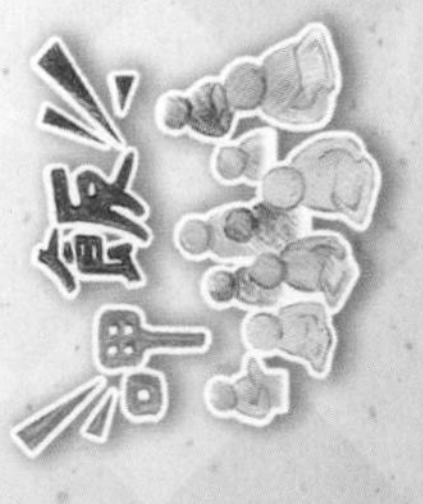

13點半

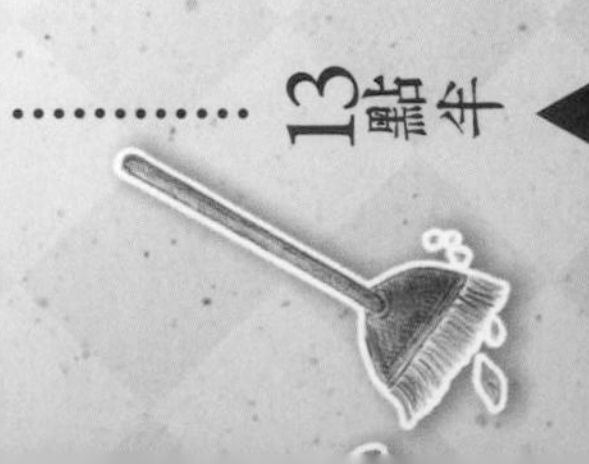

配合中餐時段早上七點開工，廚師決定好菜單後開始備料清洗、切菜剁肉等等的前置作業。煎、炸肉類頗花時間且需要時時看顧，必須優先處裡，蒸、煮雖更耗時，但蒸蛋和滷肉的同時廚師可另做他事。十點半由廚房陸續出菜，青菜久放變色會影響賣相，等客人多的時候再炒，難怪太早光顧自助餐看不到葉菜，只見餐檯上坐落一盆盆尚未鐵盤分裝、煎炸的香酥黃澄的魚、肉類，出菜的順序自有道理。

約莫十一點半，來客量明顯增加，他們家最受歡迎的是炒青菜、蕃茄炒蛋和滷雞腿，不取巧而平實的家庭料理很能撫慰心脾，有時特別多煮仍然供不應求。下午一點，顧客明顯減少便著手收拾，整理完畢往往兩點多，稍作休息近四點又要開始準備晚餐，晚上用餐人數較少，無需像白天一樣忙於處理半百道的菜餚，五點半陸續出菜，營業至七點左右打烊，後續緊接著總清

14點半

16點

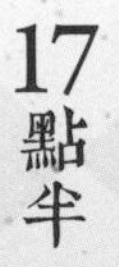

17點半

19點半

21點

掃和處理雜務，八點半後才擁有真正的私人時光，每日都是步調緊湊的忙碌循環，聽完只覺得我心已累……想要經營好一家自助餐，勢必要有耐操持久的續航力！

店面位於大學附近，地緣之故，消費群以學生、軍公教和上班族為主，所以周六仍然營業，禮拜天才是休假日，對週休二日十分看重的小民打從心底佩服！問陳媽媽有無遇過難搞的人？她笑笑地搖頭說：「開店二十多年，和客人相處很融洽，沒碰過什麼惡劣的人，日子過得很愉快，同學也都活潑可愛。」陳媽媽常贊助學生活動，難怪店內張貼許多社團、校友會的感謝海報，顧客的善意和盤底朝天的餐盤就是消弭疲勞的特效藥！

✣買菜特早鳥

自助餐材料用量大，不似一般小家庭上傳統市場、超市採買，包下小販全攤位的菜也不足供應廚師煮一餐，大量購買另有管道，早起開車去果菜市場自行批貨，或電洽信任的菜商、肉販直接宅配到府。肉類受季節影響較小，蔬菜與海鮮的種類、價錢則隨時令起伏，當季盛產的價廉物美，於是在餐檯上瞧見了四季更迭。

自助餐使用的多是「粗豆腐」，豆腐店開著小發財載貨兜

果菜市場的五點鐘，絕大多數都市人仍神遊無意識的時分，此處已燈火通明、人聲鼎沸

在傳統市場，和原物料坦承相對。

售，米白色的粗豆腐與世無爭地攤在木板上晃也不晃，和盒裝的嫩豆腐截然不同，不易破碎的粗豆腐便於烹煮，濃厚的豆味帶著淡淡焦香，纖維和營養也比嫩豆腐豐富。

沙拉油、調味料、米、乾貨（蝦米、豆皮、香菇、辛香料）、醃漬物（各種醬菜、皮蛋、鴨蛋、鹹蛋）……等等則向雜糧行進貨，十八公升的方形沙拉油鐵桶，超大圓徑罐裝的蕃茄醬、沙茶醬，塑膠桶裝的醬油、布袋裝的米、枕頭般大小的袋裝鹽巴、味素……廚房儼然似個小型食品加工場。

前兩段的內容在四、五年級生看來想必是了無新意的流水帳，小民身爲七年級生，也算親眼見證傳統市場的興衰，其未來的走向似已黯淡，但歷史是個迴圈，身在時代的洪流中也只能順流，也不是刻意想緬懷什麼，就當作這個時間點的細微紀實吧！

魔鬼藏細節

小民將耳聞的顧客意見與老闆想法整理出來，雖然口味的喜好見仁見智，相信收費公道、用心烹調、環境乾淨，生意昌隆應非夢事。「奧客」當然有，無法改變好在人數不多，至少要讓多數消費者滿意，服務態度是不容小覷的一環，自助餐不是顧好味道、衛生過關就沒事了，許多看似無關緊要、與己無干的事情反而是左右生意的關鍵因素。

✣價格穩定攏人心

「今天跟前天夾的菜差不多，價格竟然不同？詢問價錢怎麼算，店員不僅臉臭、口氣還很衝！」小民沒碰過但聽過，此情況好發於無雇用打菜員、看樣數收費的自助餐，買單還要看人臉色，結帳的人若是老闆，更是不專業到了極點。每個人估價的方式不同，最好固定由一位脾氣好、態度親切的人擔任此職，老闆算熟客便宜一點還情有可原，有些結帳人員視顧客顏值彈性降價，從未享受這等待遇的小民，心裡泛起一絲苦澀……

價格落差太大真的要及時反應，人眼不比秤重器精準，自助餐⑤～⑩的價差雖在所難免，菜色的擺盤方式會影響目測，但發生頻率太高就難以服眾，建議雙方即時把話說分明，客人當下往往認賠付錢、日後拒絕來店消費。

小民猶記得某次結帳，發現比過去貴了⑳元，詢問老闆原因，她說：「颱風天，青菜貴！」她說的理所當然，試問菜價大跌的時候妳也沒調降啊（還是其實有降？人對漲價總是比降價有感）！自此颱風過後我都會避夾青菜以保全荷包。

✤菜色來來去去

膽敢掛名「自助餐」，口味就不能以不變應萬變，別讓常客心生「菜色差不多」的抱怨，受歡迎的菜餚乃是基本盤，可以固定天天有，其餘每日小幅更換，求新求變好讓客人愛你不變！寶島台灣食材充沛，料理方式、組合搭配稍做改變馬上產生新意，「新鮮感」對自助餐而言格外重要，和談戀愛異曲同工，變化多端、花樣百出好將顧客心脾緊緊抓牢！

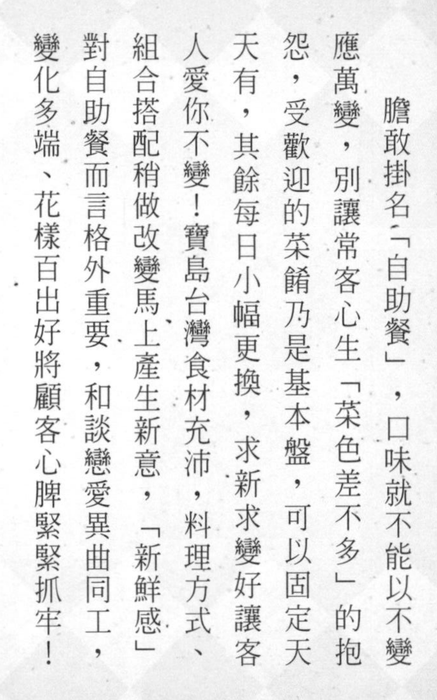

✤過不去的過去讓他過去

拿捏烹煮的份量也是一門學問，「避免剩菜」大概是全地球的掌廚者與餐飲業的共同目標。沒什麼湯水的剩菜，好比炒冬粉、豆干丁、炒花椰菜等乾料，還能餅皮一包或起司一灑即華麗變身成為餐檯上搶手的炸餃子、春捲、比薩或焗烤，那其他難以改頭換面翻身的剩菜呢？「湯鍋」成為他們最後的歸宿，相信你我都曾見過泛黃的菜梗、炒蛋、豌豆仁、榨菜絲、玉米粒……等等不相搭的湯料同在一起，這就是什麼都有、什麼都不奇怪的

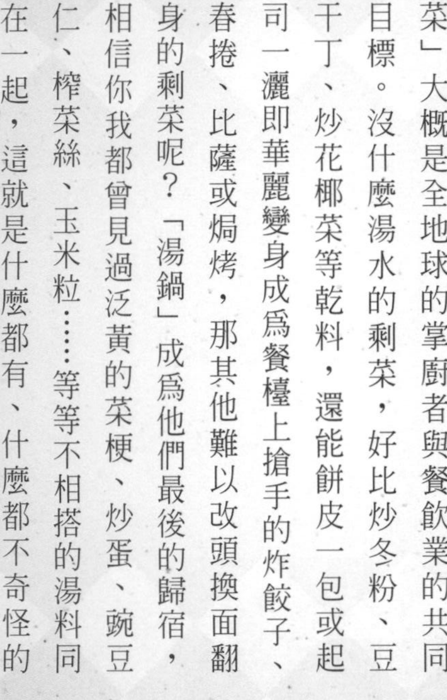

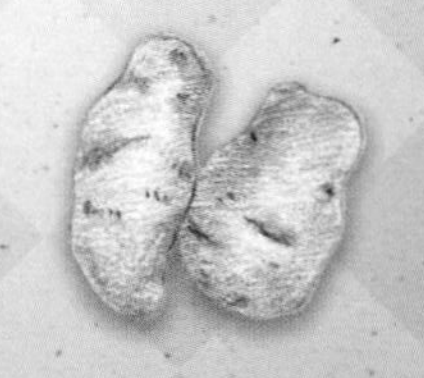

「雜菜（剩菜）湯」。惜福很好，食物品質也很重要，看到載浮載沉的發黃菜葉瞬間喪失喝湯動力，和別家另外備料烹調的味噌湯、筍乾湯相較，只能說高下立見。

冷飲也是，冬瓜茶、紅茶、麥茶最為普遍，有的加水加過頭，過於稀釋的滋味比白開水還弔詭，捨得下本的店家甚至提供仙草、愛玉、山粉圓、綠豆湯、西米露，並非本人愛抱怨，簡直天壤之別！其實客人很在意這些「附加價值」，料多味美的湯和飲料確實有效提高進店消費的意願，無需砸錢準備藥燉排骨或冰淇淋，只是不要一味地壓低成本，做出不好吃的東西亦形同浪費！

每天湯飲預算一〇〇～二〇〇元，多吸引的客人料想不止十人，絕對是划算的投資，不禁想對老闆們喊話：「煮菜前要三思！」

懂盤算的水果行會兼賣水果拼盤和果汁，自助餐自然有其侷限，餘剩的葉菜類回天乏術、難以重新出發，過不去的過去不如讓他過去，畢竟湯湯水水可是招客必殺技。

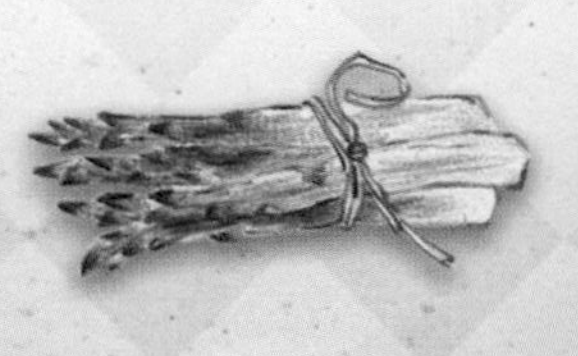

足感心紀實

自助餐像隨地生根的野草，城市的畸零小地便能立足，店家數量太多不可能逐一採訪，於是篩選所知的特色店家（這些店家也代表小民的生活圈），和老闆邊聊天邊覺得自助餐實爲老闆個人態度的延伸，因爲經營者的理念與作風而產生各式各樣的風貌，這是它難以管理的地方，連鎖自助餐店彼此的同質性遠低於連鎖速食店，不同分店的評價可能很兩極。價錢、菜色、環境……沒有絕對的SOP，彈性極大、變因很多，凡事好壞端看詮釋角度，「無框架、少束縛」便是它可愛之處，不像速食那樣制式，也不似簡餐、小吃，變化受限於菜單，除了衛生不能胡搞，其他一切幾乎皆可隨心所欲，老闆如同獨裁專政的君王，禁得起時間考驗的自助餐通常治理得不錯。

實際拜訪幾家，小民發覺自己情緒頗受老闆影響，有的人出於興趣經營自助餐，聊天的過程看見他們發亮的眼睛和喜愛工作的熱情，訪問完畢令我心情雀躍不已；有的則是「啊，就這樣啊！」不願多說、語帶保留（也

可能是眞的沒想法），沒什麼特別喜歡或不喜歡的理由，訪談後心情有點鬱卒低落……其實不該抱怨，繁忙的老闆願意撥空接受本人的提問轟炸已萬分感謝，不只自助餐，放眼各行各業皆是如此，爲工作而生活、爲生活而工作的差別罷了！整理出特別感人的幾篇，不代表一般店家的情況，如果專程跑去問自家附近的自助餐老闆爲什麼開店，得到「爲了生活必須賺錢」的回答請別沮喪，壽司做到走火入魔的將太、視料理爲第二生命的小當家都是該行業中的稀有動物，秉持良心做生意已値得讚許，吃到合意的菜也請不吝誇獎幾句！

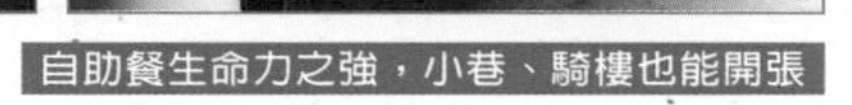
自助餐生命力之強，小巷、騎樓也能開張

✣母愛光輝自助餐

小民大學四年都住學校宿舍，三餐幾乎九成校內解決，假日留宿趕作業時，更是仰賴週末仍然營業的校園餐廳，它位於宿舍樓下，備有自助餐、麵攤、滷味、超商，也賣早餐、麵包、水果、咖啡，麻雀雖小，種類一應俱全。初畢業曾回大學校園找老闆娘，順道重溫學生時代的青澀歲月，她仍舊熱情，請我試吃新做的優格和滷豆干，做點心的好手藝不減當年。

開設自助餐已十三、四年，宿舍興建完工正好有人介紹這份職缺。最初老闆娘只負責賣麵包和管理超商，自助餐歸表哥負責，後來表哥忙得分身乏術，轉而交由她經營。老闆每天五、六點起床，開車到三重果菜市場親自批買以穩定成本，想吃山蘇、川七等稀奇的菜得靠運氣，菜價若合理，當日餐檯就會出現翠綠的丁香魚乾炒山蘇或豆豉川七。小民不解爲何採秤重收費，老闆答：「最早是看樣數，但每位同學打菜方式不同，爲了避免誤會、方便算錢，改秤重比較公平也省時間，看夾什麼肉類再額外加錢。」關於菜色的種類，老闆娘說：「我從不限制師傅，讓他用自己的方式做變化，但是餐點的顏色一定要明亮，否則學生不會夾，我特別注重『米』，飯不好吃會影響整體，特別選用價格稍貴的壽司米。我也跟裡頭的員工講：『不要覺得東西賣別人就隨便弄，自己處理的東西等一下會吃到！』」老闆娘三個小孩在外地上班、讀書，必須外食也常出入自助餐，她以爲人父母關愛孩子的心情處理監督每道菜。

老闆娘早期販售成衣，她說：「雖然我是門外漢，但家中經營飲料店，從小對弄些吃吃喝喝的東西很感興趣，邊看邊做邊學習，現在我也會炒大鍋菜。」興趣和天份的加持才會如此樂此不疲吧？現任廚師過去曾做西餐，檯面因而多了義大利麵、焗烤、薯泥烘蛋等等新穎的菜式，老闆娘鼓勵他多方創新嘗試，愛嘗鮮的學生接受度果然很高。爽脆的涼拌

涼拌蓮藕

涼拌苦瓜

壽司

壽司米

蓮藕、海帶芽、涼拌山苦瓜是我學生時期必夾的開胃菜，原來全部出自老闆娘之手，透過這次聊天得知她全程參與店內料理。小民順道關心生意，老闆娘說：「不比以往，大概和學生作息日夜顛倒有關，常常下午兩、三點還睡眼惺忪地來買午餐，晚上餓了吃宵夜，或到超商買泡麵，自助餐的營業時段和學生的用餐時間錯開，好在還有滷味和麵攤，不至於讓學生餓著。」校園自助餐的情形確實反映某些隱憂。

人手不足最讓老闆娘苦惱，週休二日縮減了營業天數，再加上校園餐廳必須配合學生放假，真正開店的時間不長，寒暑假休假四個月，員工少賺四個月，因此人員聘請不多，外訂便當數量增加便常發生誤點，老闆娘只能半開玩笑地說：「遲到就是我們的特色啦！」好在有代客洗碗盤的服務，廠商每天統一集中髒汙餐具，隔日送回，稍稍減少人力不足的困擾。老闆娘也很喜歡接點心餐盤、寒暑假營隊活動的外燴訂單，利用閒暇做餅乾、核桃糕、甜點，請熟識的學生和教職人員品嚐，她對餐飲一直保有躍躍欲試、永不厭倦的熱情，老闆娘從經營自助餐找到歸屬感，生性好客、樂於與人分享的她說：「小市民、小願望，我的願望很容易滿足，只要大家說好吃，就很樂意繼續做下去！」老闆娘也講：「人一定要把握當下，好好做自己喜愛的事情，這樣才能活在成就中！」平時常買食譜、參觀食品展，爲了學習切水果（販賣的包裝水果另有不同的切法）、如何將咖啡的奶泡打得漂亮，還自掏腰包特地上課學習。

老闆娘說：「東西做久了，發現食譜留有一手，眞的照書本寫的比例如法炮製，餅乾味道太淡而且過甜，經我改良配方變得好吃很多，女兒都誇我做的餅乾不輸市售的喜餅！只是心有餘而力不足，維持現狀就很不錯了。」她有點無奈但又興奮地接續講：「大家對我做的點心讚不絕口，以前曾經半夜兩點卯起來做壽司，由於想分送的人太多而徹夜未眠，忙完也差不多

該準備出門上班，現在有那份心也沒那體力，用餐的客人減少便動手清掃，提早下班回家休息比較要緊！」八卦的小民彷彿嗅到了什麼，詢問有無退休的念頭，老闆微笑點頭，老闆娘說：「當然有！小孩漸漸獨立了，不用辛苦攢錢，待在學校十幾年，認識好多教職員和同學，畢業學生也常回校看我，要離開還真不捨！」看著她眉飛色舞地述說，唯有熱愛本職方能持續發光發熱，小民相信妳不會退休，就算他日離開校園餐廳也只是轉移工作場所，一輩子快樂烹飪過生活！（已歇業）

✣永遠的薯泥蛋沙拉

仁園餐廳坐落於某大學校區，離小民就讀的學院距離頗遠，加上平日生意很好，中午步行抵達往往人潮爆滿、一位難求，總是趁課程比較鬆的期間和同學相約提前報到，來趟犒賞自己的午餐之旅。滷肉飯、咖哩飯、排骨麵、檸檬紅茶、洛神花茶……選擇多元，校園消息靈通一點的便知來到仁園必吃自助餐，高麗菜、菠菜過水川燙再簡單調味，吃起來頗有夏日輕食的清爽，馬鈴薯蛋沙拉、魚排、獅子頭皆是不容錯過的重點，面對心愛的沙拉，非豪邁地舀滿一尖匙不可，就算餐盤沉甸甸、秤重計費要價八、九十元我也在所不惜！一反餐飲店的黏膩，磨石子地板乾淨到反光發亮，窗戶掛上窗簾、鄰窗座位的燈泡還附藝術燈罩，用餐情調硬是比同業浪漫一點，老闆用心維護的態度由小處可見一斑。

餐點可口、窗明几淨是小民學生時代對它的印象，無意搜尋一下網頁，發現仁園自助餐原來小有名氣，於是決定重返校園採訪老闆，訪談前有些忐忑不安，大概是畢業多年近鄉情怯的情緒作祟吧？老闆正氣凜然、聲如洪鐘，平時為人正派的我仍不由得立正站好，告知

看著照片，小民彷彿又回到學生時代

人聲嘈雜的期中、期末考

食物入口，酸甜苦澀湧

心頭，味道自有歸屬。

價格表也是以令人懷念的姿態懸掛在那，非常詳盡

薯泥蛋沙拉滿滿兩大盤

中午提前報到才搶的到

來意老闆顯得十分友善而健談。時光回溯至民國七〇年，老闆本職金融，透過神父引薦和弟弟著手經營，仁園早期販售薯條、炸雞之類的西式速食，基於健康考量改成自助餐。胞弟也畢業於此，老闆便將學生視同自己的學弟妹照顧，要求沙拉油小罐分裝以確保新鮮、餐具擺放整齊、場地與桌面維持乾淨……等等，他中氣十足地說：「廚師和打菜的工讀生起初抱怨我規矩太多，不管生意好壞、不管有沒有人看到，該做的步驟一個都不能少！」老闆將品質的維護視爲理所當然，業者若能有此情操，台灣的食品該是百分百安全無虞。

小民根據過往慣例詢問老闆熱門菜，英雄所見略同，馬鈴薯蛋沙拉不負眾望深受學生喜愛！他笑呵呵地說：「其實很簡單，用料實在不偷工減料而已，固定比例的水煮蛋、馬鈴薯、美乃滋攪和而成，一樣受歡迎的壽司、薯餅、春捲都是當日現做，同學喜歡炸物，魚肉沾粉裹炸接受度很高，其他青菜以水煮的方式烹調好平衡一下，現在的餐點已歷經調整，不知道爲什麼學生就是不喜歡菜豆，還是我特地從家鄉帶回來的有機菜豆，煮多少幾乎剩多少。」爲了迎合學生口味，

菜色比坊間新潮，小民爸爸這輩四、五年級生是自助餐的常客，他們吃不慣西餐、喜愛中式熱炒，校園自助餐的招牌菜反倒成為他們眼中的新奇玩意兒，琳瑯的菜餚靜默地揭露世代飲食型態的差異，我想沒有企業能比自助餐更接地氣。

剛正不阿的老闆可是性情中人，常叮囑學生認真讀書、有機會務必出國進修深造，他還會舉辦小型聚會，邀請過去的工讀生攜家帶眷一齊同樂；老闆亦相當念舊，幾間大學招手邀他轉移陣地，他選擇堅守原處、繼續照顧這群學弟妹。少子化的威力持續發威，踏進校區便感到比過去冷清，學費、原物料、場地租金說漲就漲，顧及同學觀感，自助餐的價格三十年來如一日，瞭解學生的顧慮，夾選皮蛋豆腐還少⑤元，懷著這份體貼他人的心意才能不忮不求、堅持下去吧？小民不免俗地詢問何時退休，他打趣回答：「現

在打平，虧本我就不幹啦！寒暑假便是我旅行的放鬆時刻，有什麼好累的？」老闆透過工作盡自己的人生責任，深深覺得有他在是全校師生的福氣！

✣吃到飽之人性全都露

向旁人打聽意外找到這間非常罕見的店家，傳統葷食的台式自助餐卻以「吃到飽」的形式開業，這可大大激起我的好奇心，小民馬上相偕和我一樣貪小便宜的友人前往，店家位於捷運南京復興站附近的巷內，飢腸轆轆的兩人老實不客氣夾了整盤爆滿還眞的只要⑦⓪塊，在居不易的台北市簡直是天方夜譚！

堅持以吃到飽方式經營的正港台式「自助餐」！

菜餚隨客人恣意豪取的情景已成追憶

便宜歸便宜，味道其實挺不賴，飯後向老闆娘說明來意，她很阿莎力叫我們儘管問，她做自助餐已有三十年的歷史，起初採看樣數算錢、後來改秤重、最後演變成爲吃到飽，吃到飽的歷史已有十年之久。小民的疑問和記者一致：「這樣不會虧錢嗎？」她答得很妙：「虧錢就沒辦法開這麼久，但是說有賺錢你們也不太相信。」原來老闆娘將每日的成本固定，和菜商討論後才買進，加上店裡人手只有她和先生兩人，小民又問：「不會忙不過來嗎？」她笑答：「我們搭配的天衣無縫，中午我在廚房炒菜，先生負責收銀和端盤，晚上客人減少改換我招呼生意、他在裡面收拾，賺的都是工錢啦！」把人力開銷降到最低，方能以這般不可思議的經營模式回饋顧客。

自助餐和鄰近辦公大樓的作息同步，周一至周五開店，每天早上六、七點開始工作直至晚上十一點方能休息，菜色維持三十道左右，茄子、滷豬腳、白斬雞是店內最受歡迎的常備菜，中午是主要的黃金時段，生意很好、廚餘很少，食材的鮮度無庸置疑。店內用餐白飯免費，吃完再盛飯夾菜竟然不用多付錢！難怪男客明顯比女客多，外帶餐盒總是被塞到快漲破，爲避免溢出的菜餚掉出，橡皮筋總用上兩條，不禁心想店名也許可以改爲「赤裸人性」自助餐……

精打細算的人想必連同晚餐一併包，反正一個人、一盒菜就是⑦⓪塊，小學生老闆娘還算半價，幼稚園的小朋友更是直接免費，小民眞心覺得她在「亂賣」，食量小的顧客才能讓收支平衡一下啊！曾經有人一餐吃掉「十八條魚」，五隻雞腿都算稀鬆平常，老闆娘大笑講：「很多人吃到自己不好意思，添飯的時候會補充說明：『你們的菜實在是太好吃了，讓我忍不住吃第二碗！』第三次盛飯的時候又會重說一遍，敢開吃到飽就不怕你吃啦！」老闆娘性情豪邁個性也很雞婆，一位輕微中風的常客每次都夾五顆滷蛋，其他配菜清一色是肉類，勸他多夾青菜還被對方罵小氣，各種形色的人在此都不足爲奇：偷偷把排骨塞進提袋的小姐，吃不完卻硬要夾多、故意浪費的顧客，每天報到、每天碎唸嫌菜不好的老阿伯，假裝忘了帶錢、後來良心發現的歐吉桑……這樣的開店型態讓人看見更多不同的嘴臉，政治口水戰亦曾在店裡發生，小小的一間自助餐店就像劇場，天天上演著五味雜陳的人生百態。

價格從最初的⑤⓪、⑥⓪慢慢漲到⑦⓪元，以吃到飽的形態開張多年，客人知道調漲合理，但漲價的隔天生意還是硬生生下滑，大約兩、三個月恢復正常，比起價格連翻跳的沙拉油，漲幅可說合情合理。進一步問老闆娘，當初爲何從業自助餐？她答：「這說來話長，當時和剛退伍的先生結婚，他機車行的生意不是很穩定，我的腦筋一直轉，思考什麼職業不需要太高的門檻，於是投資八萬元開了這家店。一切從零開始，炒大鍋菜和家裡下廚完全不同，當時常走訪同業觀摩，自己也買食譜研究，還記得第一天營業緊張到不敢把菜端出來賣！」沒想到這間自助餐始於一個爲了生計的愛情故事。

老闆娘剛剛提到起先是看樣數算錢，所以小民又問：「怎麼會想改成吃到飽呢？」她笑著說：「這又是另外一個故事，那時對面開了一家自助餐，店面是我們的兩倍大，聘請廚師又有外場人員服務，開幕期間還附送免費的水果，新開的店生意總是特別好，既然我送不了什麼東西，乾脆推出『㊿元吃到飽』跟它拚！沒想到幾個月它就倒店了。」商場如戰場，老闆娘抓準人性出招，果然出奇制勝！她緊接著說：「吃到飽很受客人歡迎就維持下去，這樣也很方便算錢啊！」雖然一開始的動機是出於競爭，看顧客吃得歡喜便以此型態經營，或許正因爲不計較，她才忙得甘之如飴。

老闆娘也遇過討飯的遊民，好手好腳的便

勸他離去，她把飯菜留給貧苦家庭，她認爲家庭和樂是人生最重要的事情，她很慶幸自己選擇自助餐，一樓店面、二樓住家，和兩個兒子、媳婦住在一起，現在又添了一個孫子，不僅顧得到家庭又擁有安定的工作，這是她最大的幸福。小民照慣例問：「有沒有退休的念頭？」老闆娘立刻回：「從沒想過，做多少算多少，我的個性閒不下來，週休二日已足夠，把樓上的伴唱機搬下來，假日店裡馬上變得熱鬧非凡！」別看她講的一派輕鬆，開店體力挺消磨，打烊後不僅忙著打掃，還要預備明天上桌的滷料，週末歡唱把一周的辛勞一筆勾銷。令你開懷的事無論大小，都應趁行有餘力時去實踐，人生不合意的事也許十之八九，老闆娘的臉上始終泛著微笑。（曾短暫歇業，復業後以一般自助餐形式經營）

✣隱於市的真食神

此自助餐鄰近小民母校，藏身在一條不起眼但車輛紛流的小路旁，天氣晴朗的時候店內滿是自然光，客人熙來攘往，老闆娘總是很忙，大四那年在朋友介紹下得知。向老闆娘提出訪問的時候，忙著打菜的她表情有點驚訝，手腳俐落地邊包便當邊回答我們的問題，親切的她馬上和我們約當天晚上，結束愉快的聊天後還建議我們再來一趟，專業的老闆能做更詳盡的回答。

小民劈頭問了一個突兀的問題：「請問您每天幾點起床？」，他略顯錯愕地答：「剛開始是凌晨五點半。」老闆林先生二十年前是上班族，「在一切因緣聚合下，接觸餐飲。」他語帶玄機地這麼說，當時受到台菜老店的廚師影響，加上丈母娘想找人接手經營，連蛋炒飯都不會的他就這麼跨行。隔行如隔山、萬事起頭難，初期必須親自去果菜市場摸索物料、學習採買，打好人際關係

才有辦法以公道的價錢買到優質食材，找到值得信賴的廠商後，材料便定時配送到店裡。老闆注重原料品質，蔬菜採用有機、肉類也都註有優良標記，店內牆壁掛滿各項品管証明就是希望客人吃的安心。

店內一天的菜色高達一百五十樣（約兩百盤），是一般自助餐的二點五至三倍！老闆娘說：「一種菜固定進十斤，附近市場販賣的非有機，所以賣完也沒得補進。」煮的人比吃的人還有心，原料不僅新鮮，還要有機，菜餚五十種比較省事且已算多元，偏偏少量多樣累死自己！一樣菜價格⑩元、肉類普遍⑮元，學生還會算得便宜些、加飯又免費，難怪同學常問她：「阿姨妳會不會賠錢？阿姨妳不怕被我們吃垮嗎？」之類的問題，老闆娘靦腆地說：「我覺得人的一生賺多少是註定好的，很多事情的價值似乎也無法數據化，客人即使搬家、學生就算畢業仍會回來找我，甚至留下地址，叫我有空找他泡茶，那種快樂不知道該怎麼講！」眞正重要的東西，果然不是雙眼所能看見、不是數字可以標明，有時言語詞彙也不足以形容。

老闆語重心長地說：「做人比做菜重要！過去廚師的養成很全面，從最基礎的洗刷鍋碗瓢盆開始，也訓練如何雕花、接觸一點烘培、調酒……等等，都必須全盤接收，過程一併磨你的個性和做事的態度與方法。」老闆學習的心態很開放，無怪乎懂得中式餐、川、港、湘、鄂、粵等料理，變化出上百道的菜式不成問題，他認爲難處在於把平凡的材料做的「家常又不平常！」單價低的自助餐不似飯店動輒使用高級食材，越平凡的東西越有挑戰，要讓多數人接受並不容易。師傅曾問他要做飯店還是大眾餐，老闆覺得飯店侷限太多，材料的搭配、比例皆很固定，還需配合他人的出菜順序，一切都要照規矩。他把學徒晉升大廚的過程比喻成「升學」，雖然頭銜、收入穩定爬升，但金錢在他心中並非第一順位，他喜歡自己做主、嘗試和發明，隨著心情的起伏、季節的交替做出不同風味的料理，每天晚上同一時間窩在角落想菜單和叫貨，小民問他是熱愛工作的緣故嗎？老闆鎮靜回答：「也不是，既然做了就要甘願，任何行業都該有其思維，我常常在菜色的革新與維持傳統的分寸之間擺盪矛盾，這樣好嗎？那樣對嗎？好像每隔一段時間會被自己的疑問考倒……低迴一陣子後，心念一轉想說算了，默默承受、默默認定，思緒和動機回歸原點似乎又重拾快樂，一天工作十三、十四個小時能不累嗎？『好玩』就不會疲憊，如同師傅所說：『爲了做餐而做餐，做出來的菜不像菜。』以前年輕聽不懂，覺得像繞口令一樣好玩才常掛在嘴上，隨著年齡增長漸漸有所體悟，『餐是爲別人而做的，是藝術、是道德。』」

老闆動腦謄寫，開出明日的烹煮菜單

時間的控制乃是一大學問，生鮮材料不能爲求省事貪快一次處理，那衛生八成出問題，烹飪的順序、鍋爐的使用先後全盤想好方能進行，廚師對食材充分了解才有辦法馬上反應、做出最適宜的料理，中式餐沒有絕對性，最忌諱墨守成規，必須搭配經驗活用，技術使不上手全部沒用！老闆曾接過聯X、鴻X的便當訂單，眼神艷羨的小民未料他說：「單價五百元的便當是一大挑戰！主菜的挑選即是難題，如同無題的自我創作，不知道題目該訂什麼，根本不知從何下手。」膚淺的小民以為鮑魚或干貝便足以應付，老闆說：「哪有這麼簡單！主菜有時宜性，夏天易上火不適合炸物，冬季沒人想吃涼拌類的食物，陪襯的配菜還不能搶走主菜的風采。」不禁認眞地懷疑老闆是不是處女座，態度嚴謹還歸納出許多做菜、做人的道理，隨即反問他：「老闆你不會覺得這樣很累嗎？」他立刻答說：「知道怎樣比較好還不做？那才奇怪咧！為錢而活就會變得怕麻煩、材料品質便會下滑，做餐本來就辛苦，工作時間長、環境高溫、每天絞盡腦汁想菜單，不知道為什麼廚師體形普遍中廣？」小民大笑的同時心裡很有感觸，其實奇怪的是老闆（常感嘆知音難尋），自我要求這麼高，你大概是全台灣數一數二最不懂得善待自己的廚師吧？

小民賊賊地試探：「老闆你會不會去別家查探敵情呀？」他直接坦承：「會呀，以前常去吃自助餐，想尋找讓我耳目一新的菜色，後來發現飯店和餐館比較多新的刺激，畢竟比自助餐有時間開發新菜嘛！嚐到好味道就先在現場研究一番，迫不及待趕緊回廚房試做，享受發明的樂趣，客人的嘴巴很誠實，實驗結果好或壞？餐檯立刻見分曉！」。

「只要有心，人人都能成為食神！」國片台詞在老闆身上得到最好的印證，雖然各式各樣的形容詞和成語在我顱內奔流，唯有「心」讓一切有所不同，它是最好的總括，「用心入菜」是最適切的形容。

接近中午時分，老闆娘施展無影手與時間賽跑

老闆娘還偷偷跟我說：「他可以花兩、三天的時間改良一道傳統菜，我們家的三杯雞和外面的滋味很不一樣，全部使用雞腿肉，客人說愛啃骨頭才加些雞

翅，口味甜甜的很特別，客人常把醬汁拿來拌飯，去骨的豬腳皮凍很受歡迎，所以固定天天有，雖然處理費時又費工……」看著老闆對烹飪執著的鑽研精神，和老闆娘談起先生難掩崇拜的喜悅神情，你們簡直是自助餐界的神鵰俠侶！

記得初次訪問時，老闆娘說連鎖自助餐的企劃書出自老闆之手，震驚的小民半信半疑，第二次見面重提此事，老闆挑眉說：「以前年輕有衝勁，連鎖超商讓我產生連鎖自助餐的想法，當時風氣保守、長輩都持反對意見，一間小店都顧得很辛苦了怎麼開分店？想想也是，便把企劃書讓給有興趣的人執行。」世俗的小民馬上問：「老闆你有分紅嗎？」他笑說：「最初我也不知道這個構想行不行得通，成功了恭喜你有賺錢運，失敗了後果請自行負責！」小民打從心底佩服老闆，不只態度誠懇，頭腦更是靈活的嚇人，了解自己真正喜歡做的事（目前熱衷於中醫食療與養生之道），所以選擇繼續和妻子協力維持這間店，看著他一派輕鬆地談著這件「可惜的往事」，發現他對人生的體悟並不亞於廚藝。

近年來五十元便當大行其道，不知道有無波及自助餐？老闆想了想說：「我們還是一樣忙碌，影響應該不大，我發覺便宜和高檔之間的中間價格逐漸消失，便宜成爲萬事的王道，部分餐飲業者爲了壓低成本而做出「奇怪的折衷」，永遠記住『一分錢、一分貨！』，過分便宜我一律敬謝不敏！民眾是無知的，知道越多、擔心越多，這年頭很多事物弄假成眞、本末倒置。」他一席肺腑之言激發小民問道：「自助餐利潤不算特別高且經營勞累，加上年輕人飲食西化、連鎖餐飲業興起，老闆你是否擔憂傳統自助餐成爲夕陽產業？」他答：「傳統自助餐不好管理、經驗又難以傳承，單一化作業大概是未來趨勢，舊型店家不免減少，但天下合久必分、分久必合，事物消長的循環不都如此？做一天和尚敲一天鐘，反正生意好也煩、生意不好也煩，一切順其自然發展。」事事盡力、無法要求事事皆盡如意，我們只能在時勢這個大框架下付出最大的努力，小民再次折服於老闆近似老莊的人生觀，深談內容禪機處處。

學生們常嚷嚷要幫老闆娘發傳單，她總笑答：「已經忙不過來了，不用再打廣告啦！和客人的相逢很講求緣分。」老闆也常說些很玄的話：「做餐最困難的是培養『心』，不用心的人、不好的材料會把餐弄死，『餐是有生命的，餐會告訴你，餐會隨著時間變色、凋零。』很多人聽完，都認爲我有病。」小民感動之餘深覺老闆幸福無比，找到興趣還找到人生意義！原物料一路漲，價格卻仍如以往，老闆說：「東西貴，不能像以前『玩』得那麼盡興，必須花更多時間開菜單，至少不能虧，大家薪水沒升我也不好意思漲價，只好比誰撐的久，撐過去的是英雄、撐不過的成烈士。」老闆夫婦擁有一顆柔軟的心，熱愛本職、體諒他人，訪談越深入越感到不可思議，如同山野漫步無意間遇上隱居的武林高手，我和他們的相遇也只能歸功於緣分！最後仿效日本節目問老闆：「自助餐對你來說是什麼？」他頓了頓緩緩說道：「自助餐的生命在於感動，滿足客人的需求是我至今仍在追求的目標。」

✣半百歲的台灣味

同事推薦下得知此低調的神秘店家，沒有店名只知位於歸綏街，小民抱持著姑且一試的心態在搜尋引擎輸入歸綏街、自助餐這兩個關鍵字，未料輕易尋得可見名氣不小，它深獲美食家舒國治先生讚揚與網友們的好評，電視媒體、雜誌多有採訪，來台自助旅行的日本人也會按圖索驥前去地道一番，廢話不多說立刻動身一探究竟！

位於大同區的老店店齡超過五十年，平實的擺設、天花板偏低的建築格局，再再散發一種舊社區的復古氣息，和現代化的街道相形反倒略顯突兀，白底紅字的招牌寫著「清粥小菜」，問老闆娘怎麼不取個店名，她爽朗地說：「反正來的都是熟門熟路的老顧客啦！頂多叫我們『目鏡仔』[15]那間！」沒有店名外加廚師戴眼鏡，久而久之當地人便這麼稱呼，小民不禁莞爾，頗有老一輩台灣人不在乎名分、苦幹實幹的精神。老闆夫妻接手婆婆經營的自助餐，沿襲過去的打菜方式，將客人選定的菜盛在小碟子內，菜心、滷筍絲、滷豬皮、麵輪、淡褐色的蒸蛋、白菜滷……等等，

15目鏡即眼鏡的閩南語說法，目鏡仔意指戴眼鏡的人。

菜式古意盎然且超適合配粥，也算不負招牌上的清粥小菜四字，滷燉烹煮的配菜色深醬稠，大多滋味濃厚，用料看似單純卻散發濃濃台式風情。看著老闆娘極其俐落地勺裝打菜頗有幾分快意，盤盤尖滿得幾乎溢出，份量十足大快人心，吃粗飽肯定百元有找（普遍消費約⑥⓪～一〇〇元），那些單人消費動輒兩百元、「菜小粥清」的清粥小菜店家該感汗顏！

本店男性顧客為大宗，年齡多為中年以上，外帶打包好幾人份的婦女也不在少數，不像其他自助餐有午休，廚房早上十點上菜直至夜幕低垂，出菜速度依時段調整，時快時慢但未曾中斷，下午三、四點客源仍川流不息。

周遭環境很現代，餐檯上的光景很適合來首《黃昏的故鄉》（文夏版本）

打菜專用的小碟子，不僅環保還充滿舊式情調，活脫脫是為北部飯桌仔

毋需繁複的調味，簡單的酸菜豬血湯，連盛兩、三碗的大有人在，小民不免俗地跑去最誠實的廚餘桶觀察，桶內的剩菜少到見底，美味即少餘剩，認真料理每道食物是廚師投身環保最有效的方法。

快炒類的葉菜口感偏軟爛，喜愛清脆口感的人可能不太習慣，高麗菜是最保險的選擇。小民發現檯面上的肉類竟然唯有焢五花肉條和瓜仔肉，和一般店家主菜肉滿為患的餐檯景緻大相逕庭，海鮮的陣仗甚為浩大：薑絲吳郭魚、紅燒虱目魚肚、半煎煮烏魚塊、煎四剖魚、乾煎肉鯽仔、辣炒小管、不知名的白肉魚……等等，超過巴掌大的紅目鰱更是首見於自助餐！不同的魚類各有專屬的佐料

人稱「目鏡仔」的廚師，老菜
掌廚者、全店的靈魂人物

不知是調味還是
烹飪方式，我吃
到時間的滋味。

吃完苦瓜我已半飽，建議結伴同行
兩人點三盤，份量剛剛好

此情此景，不知為何總會讓我想起
深夜食堂，大概是燈光一樣昏黃、
飯菜一樣熱騰吧？

與料理手法，海鮮類的水準不輸餐館和喜筵。老闆娘說客人很挑吃，餐檯上竟沒有常見的秋刀魚，為把關品質，每天親自到早市批買漁獲，整體菜色儼然重現台南飯桌仔，只是味道明顯較為不甜。一葷配一菜便得以極其飽足，海鮮與肉類的表現不俗，嗜吃鮮魚的北市饕客們，會在此發現新大陸。

礙於成本考量，餐飲市場充斥著鱈魚不是鱈魚、魴魚不是魴魚的景況，看似尋常的平凡小店，卻有多道「貨真價實」的海鮮在檯面爭鮮

從藝旦街宵夜時段的清粥小菜經營迄今，小店走過半世紀的光景，詢問老闆娘自助餐的起源她亦不知曉，她笑說：「不像你們拿筆的，文化那些我不懂啦！只知道日子一天一天過，做這一行小孩嫌累不願意接手，做多久算多久，和客人東聊西扯也很開

心呀！」他們是一群樸拙熱情卻不擅言詞的勞動者，講話沒有詞藻鋪陳，也不懂如何將話語加油添醋，面對我成串的提問一時不知從何說起，工作與生活早已互融一體，秉持老派認份的精神揮舞著鍋鏟、勺匙，以鹽糖醬料佐味，大火翻炒出一盤盤暖人胃脾的老滋味，默默滴汗度過每一天。望著菜餚熱騰的模樣和飯鍋掀蓋的瞬間，流轉的是菜飯的熱氣還是如煙的歲月？只願我拙劣的文筆能傳達他們誠摯情感的十分之一，期待這份懷舊味能持續飄香每一年。

「話若是說到清，目屎是撥抹離！」灑狗血地說這是本歡笑和淚水交織的書也不為過，初期執行問題重重，可能自助餐這小題沒必要大作吧？市面上沒有相關書籍，小民像無頭蒼蠅一樣竄飛碰壁，瞎忙良久才找到線索，加上辦公室待久，頭腦僵化得像水泥塊，早期寫的內容根本是嚴肅拗口的論文研究，歐巴桑說她連目錄都看不懂，只好含淚捨棄兩萬字、文章大翻盤，用詞口語才夠貼近日常，不該把單純的東西搞得高深莫測。

此書的命運相當多舛，編寫製作可說是憑著傻膽，消耗的腦細胞也超乎預期（頗後悔接受歐巴桑的委託），身為下班後只想無所事事的上班族，還得持續燒腦構思，遇到瓶頸選擇逃避不過剛好而已……午夜夢迴總覺得有事擱心頭，閒置四年才復動工。四年的磨練、四年的沉澱，歸零更能看清一切，以旁觀者的角度將過去蒐集的資料、經驗徹頭徹尾修正整合，初期文字重寫、中期架構接近六成又砍掉重練，且額外增加不少插圖與攝影、後期潤稿強迫症發作，加上本人外務繁多，這中間又延宕四年，總共耗八年，若有生孩子，小孩都升小二了呢……

盡可能用詞淺白、便於記憶，把自助餐視爲一門「生活淺學」，由裡而外從各層面發散解析，營養學或中醫食療等專業部分則是蜻蜓點水，若要深究勢必達百科全書的篇幅，且輪不到我說，但那也脫離本書力求化繁爲簡的初衷，專精留給專家學者，簡單好記留給像我一般被生活折騰的讀者。自助餐極富地域性，本書應較能引起台北人的共鳴，覺得新奇有趣的人大概很少吃自助餐，認爲廢話連篇的想必在自助餐打滾多年。書的內容亦難以歸類，散文、紀實、工具書？總之言之有物，探究到底即是圍繞庶民的食飲日常，日常從不恆常，全文近四萬五千字好似時空膠囊，紀錄民國九十七～一〇七年（可以前後推移幾年）普羅大眾尋常的吃食片段。

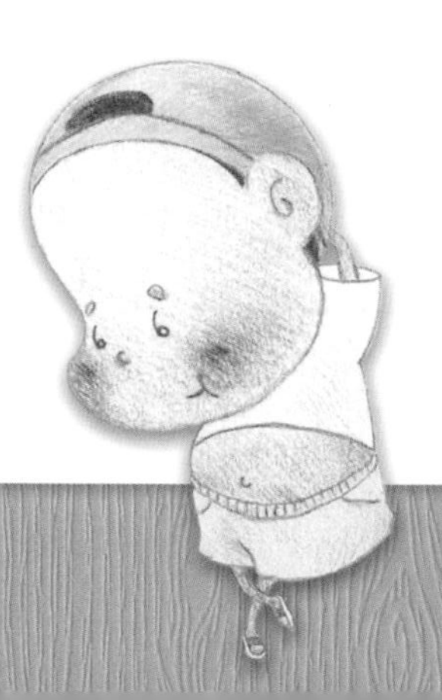

分享如何省吃並非本書主旨，不任重道遠也無意要批判什麼，而是希望大家通勤時別那麼行屍走肉、吃飯時別那樣囫圇吞棗，能「更有覺知」地關注自己的生活（難度好像有點高），如此而已！

二〇一八年一月

作者簡介
About the author

攝影 小小

Simple, simple, simple，因為很愛所以說3遍。

繪圖 雨子

自身沒有潔癖（一直強調）！但無法忍受髒亂的居家環境，平日再忙也要清潔廁所的生活概念，打掃已成為週末必做的活動項目之一。喜歡走路，少去人多的地方。

撰文 排版 寶哥

對外出興趣很低，睡到自然醒是假日必做的事情，不斷簡化自己的人生，簡化到只剩設計……平時省吃儉用，偶爾網拍失心瘋。

www.behance.net/ringo75831085a

✣特別感謝✣

書中那些好心的自助餐、飯桌仔的老闆們、出版商、曾經幫助與提供指導的各位大德

✣參考資料✣

《台南小吃》嚴子勳、《吃對食物健康100分》趙濰、《瞎吃》布萊恩・汪辛克、《歐賣尬！不用節食就能瘦身》馬克・海曼、遠見雜誌、國民健康署

君子愛財，省錢有道　珍惜健康，人人有責

釀生活20　PE0136

自助餐鬥陣粗飽趣：外食族必備飲食指南

作　　者　寶　哥
攝　　影　小　小
繪　　圖　雨　子
責任編輯　杜國維
圖文排版　寶　哥
封面設計　寶　哥
封面完稿　王嵩賀

出版策劃　釀出版
製作發行　秀威資訊科技股份有限公司
114 台北市內湖區瑞光路76巷65號1樓
電話：+886-2-2796-3638
傳真：+886-2-2796-1377
服務信箱：service@showwe.com.tw
http://www.showwe.com.tw
郵政劃撥　19563868
戶名：秀威資訊科技股份有限公司

展售門市　國家書店【松江門市】
104 台北市中山區松江路209號1樓
電話：+886-2-2518-0207
傳真：+886-2-2518-0778
網路訂購　秀威網路書店：https://store.showwe.tw
國家網路書店：https://www.govbooks.com.tw
法律顧問　毛國樑　律師
總 經 銷　聯合發行股份有限公司
231新北市新店區寶橋路235巷6弄6號4F
電話：+886-2-2917-8022
傳真：+886-2-2915-6275

出版日期　2018年11月　BOD一版
定　　價　280元

Printed in Taiwan

國家圖書館出版品預行編目

自助餐鬥陣粗飽趣：外食族必備飲食指南 / 寶哥作；
小小攝影；雨子繪. -- 一版. -- 臺北市：醸出版,
2018.11
面；　公分. --（醸生活；20）
BOD版
ISBN　978-986-445-275-0（平裝）

1.餐飲業 2.飲食 3.臺灣

483.8　　107014044

讀者回函卡

感謝您購買本書，為提升服務品質，請填妥以下資料，將讀者回函卡直接寄回或傳真本公司，收到您的寶貴意見後，我們會收藏記錄及檢討，謝謝！

如您需要了解本公司最新出版書目、購書優惠或企劃活動，歡迎您上網查詢或下載相關資料：http:// www.showwe.com.tw

您購買的書名：________________

出生日期：________年________月________日

學　　歷：□高中（含）以下　□大專　□研究所（含）以上

職　　業：□製造業　□金融業　□資訊業　□軍警　□傳播業　□自由業　□服務業　□公務員　□教職　□學生

□家管　□其它________________

購書地點：□網路書店　□實體書店　□書展　□郵購　□贈閱　□其他

您從何得知本書的消息？

□網路書店　□實體書店　□網路搜尋　□電子報　□書訊　□雜誌　□傳播媒體　□親友推薦　□網站推薦

□部落格　□其他________________

您對本書的評價：（請填代號　1.非常滿意　2.滿意　3.尚可　4.再改進）

封面設計________　版面編排________　內容________　文／譯筆________　價格________

讀完書後您覺得：

□很有收穫　□有收穫　□收穫不多　□沒收穫

對我們的建議：________________

____

請貼
郵票

11466
台北市內湖區瑞光路 76 巷 65 號 1 樓
秀威資訊科技股份有限公司 收
BOD 數位出版事業部

（請沿線對折寄回，謝謝！）

姓　　名：＿＿＿＿＿＿＿＿ 年齡：＿＿＿＿ 性別：□女　□男

郵遞區號：□□□□□

地　　址：＿＿＿＿＿＿＿＿＿＿＿＿＿＿＿＿

聯絡電話：(日) ＿＿＿＿＿＿＿＿ (夜) ＿＿＿＿＿＿＿＿

E-mail：＿＿＿＿＿＿＿＿＿＿＿＿＿＿＿＿